人工智能教育丛书

基于深度学习的行人重识别理论与方法

易玉根　谢更生　罗　勇　著

西安电子科技大学出版社

内 容 简 介

　　行人重识别又称为行人再识别，是利用计算机视觉技术判断图像或者视频序列中是否存在特定行人的技术，通常也被视为图像分类或图像检索任务的一类关键子问题。本书紧跟当前行人重识别领域的最新研究进展，结合深度学习的经典内容和案例，为读者提供了比较全面的学习资源。

　　全书共 6 章，内容包括绪论、相关背景的基础理论、基于局部-全局关系特征的行人重识别方法、基于颜色鲁棒特征融合的行人重识别方法、基于人体姿态估计信息引导与区域特征融合的遮挡行人重识别方法、基于人体姿态估计信息引导的半监督行人重识别方法。

　　本书可作为高等院校信息类专业及人工智能、计算机视觉等专业的教学用书，也可作为科研人员与工程技术人员的参考书。

图书在版编目（CIP）数据

　　基于深度学习的行人重识别理论与方法 / 易玉根，谢更生，罗勇著. -- 西安：西安电子科技大学出版社，2024. 11. --ISBN 978-7-5606-7431-5

　　Ⅰ. TP391.4

中国国家版本馆 CIP 数据核字第 2024T3J731 号

策　　划	吴祯娥
责任编辑	吴祯娥
出版发行	西安电子科技大学出版社（西安市太白南路 2 号）
电　　话	（029）88202421　88201467　　邮　　编　710071
网　　址	www.xduph.com　　　　　电子邮箱　xdupfxb001@163.com
经　　销	新华书店
印刷单位	陕西日报印务有限公司
版　　次	2024 年 11 月第 1 版　2024 年 11 月第 1 次印刷
开　　本	787 毫米×1092 毫米　1/16　印张　10
字　　数	196 千字
定　　价	68.00 元

ISBN 978-7-5606-7431-5

XDUP 7732001-1

＊＊＊如有印装问题可调换＊＊＊

前　言

随着中国城市信息化建设的大规模推进，视频监控已成为平安城市概念框架的核心建设内容，广泛应用于城市安全、社区安防、交通管控、数字化城市管理等多个领域。而在社会治安、突发事件处理、公安刑侦、法律取证等方面，对特定行人的识别是跟踪与定位其行动轨迹、判定其行为的重要前提。由此发展而来的行人重识别技术近年来得到了学术界和工业界的广泛关注。行人重识别技术是指计算机在跨多个摄像头的视频或图片序列中，对特定行人进行识别的技术，通常也被视为图像分类或图像检索的子问题。作为跨摄像头行人轨迹跟踪、行人行为识别等机器视觉方案的核心构成，行人重识别技术在园区安防、公安刑侦、交通纠违与公共安全等领域展现出广阔的应用前景。

近年来，基于深度学习的行人重识别研究取得了显著进展，积累了深厚的理论基础，并涌现出众多有效的识别方法。然而，由于受到前景遮挡、背景噪声、行人姿态的非刚性形变以及光照变化等多重外在因素的影响，当前的行人重识别任务依然面临巨大挑战。一方面，现有对行人重识别的研究主要集中于局部表征学习、特征提取网络设计、注意力学习等新型网络体系架构设计，主要基于图像视觉信息进行分类，却缺乏对语义信息的深入挖掘与充分利用。对于关系特征潜力的挖掘、模型对颜色特征过度依赖等问题的探讨仍处于起步阶段。另一方面，对样本进行符合人类认知的关系语义表示可以极大地挖掘局部特征的潜力。因此，本书在对现有行人重识别方法进行分析与总结的基础上，从全局视角出发，提出协同多粒度关系特征学习的新研究思路，并与现有流行的行人重识别方法进行了比较。大量实验结果验证了本书所提出方法的有效性和可行性。

本书是江西师范大学软件学院"智能信息处理与应用"团队的集体智慧结晶，其主要内容由易玉根、谢更生、罗勇撰写完成。其中，易玉根负责最终文稿的统稿与校对工作。在此，我们衷心感谢课题组所有老师与研究生的辛勤付出和不懈努力。本书得到了江西省自然科学基金杰出青年基金项目(编号：20212ACB212003)及江西省主要学科学术和技术带头人资助计划(编号：20212BCJ23017)的资助。

　　由于作者水平有限，书中难免存在疏漏与不足，恳请广大读者批评指正。

易玉根

2024 年 2 月

目　录

第1章 绪 论

1.1 研究背景及意义

随着城市信息化建设的大规模推进,视频监控作为平安城市概念框架中的核心建设内容,已广泛应用于城市安全、社区安防、交通管控、数字化城市管理等多个领域,并覆盖了商业写字楼、工业园区、居民小区等多种生活场景。在社会治安维护、突发事件处理、公安刑侦、法律取证等方面,对特定行人的识别是跟踪与定位行人行动轨迹、判断行人行为的重要前提。由此发展而来的行人重识别(Person Re-Identification,Re-ID)技术近年来受到了学术界和工业界的广泛关注。行人重识别是指利用计算机视觉技术判断图像或视频序列中是否存在特定行人的技术。

行人重识别系统示意图如图 1.1 所示。一方面,由于视频及图像来源于不同位置与视角的多个采集源,因此获得的样本存在视角差异。同时,在行人行走的过程中,不可避免地会出现肢体形变、姿态变化、背景杂乱及前景有遮挡物等干扰因素。另一方面,在数据源抓取阶段同样会引入差异,因为不同品牌和型号的摄像头存在色彩空间差异,再加上光照强度的变化,会导致图像样本在亮度、对比度、色彩表现等方面存在差别。此外,在样本抓取和裁切等处理过程中,自动检测器的精度也会影响图像样本的质量,可能导致图像局部被裁切、人体关键点不对齐、障碍物等非理想样本的出现。因此,当前行人重识别仍然是一项非常具有挑战性的任务,存在许多亟待解决的问题。

相比于基于深度学习的行人重识别方法,传统的行人重识别方法主要聚焦于手工图像特征提取与整体相似度度量,因此传统的行人重识别方法在非对齐场景下难以达到理想的识别精度。例如,行人的姿态变化、遮挡、图像裁切不合理等外部因素都会严重影响传统方法的识别精度。为应对现实场景中实际存在的问题,以及设备一致性、自动检测等采集过程所带来的样本缺陷,基于大样本自主特征学习的深度学习方法逐渐成为行人重识别研究

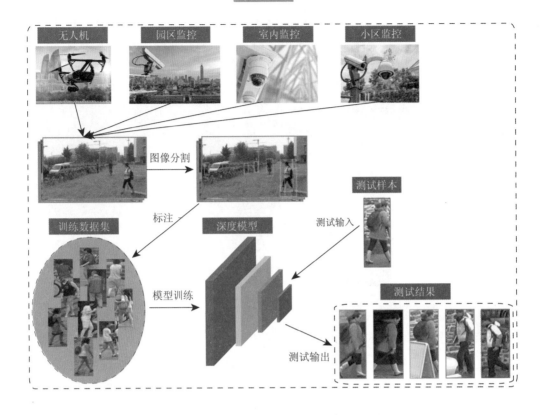

图 1.1　行人重识别系统示意图

的主流。深度学习是一种以概率论与统计学为理论基础,利用深度神经网络作为工具,使计算机从大批量样本中学习输入样本数据内在规律的端到端学习算法。近年来,深度学习在智能搜索、数据挖掘、计算机视觉、自然语言处理、语音理解等许多领域取得了重大进展,甚至在诸如国际象棋等复杂逻辑任务中达到并超越了人类水平,因此被广泛应用于解决复杂的模式识别问题,成为推动当前人工智能领域发展的主要动力。

图 1.2 展示了基于深度学习的行人重识别方法的标准处理流程。输入样本经过特征提取后,会利用度量损失(如三元组损失(Triplet Loss))与分类损失(如交叉熵损失(Cross Entropy Loss))来优化特征空间分布。三元组损失[1, 2]与交叉熵损失[3]分别是度量损失与分类损失的典型代表。

大规模行人重识别基准数据集的出现进一步推动了基于深度学习的行人重识别方法的发展。2015 年,清华大学的 Zheng 等人构建并公开了首个大规模行人重识别数据集 Market-1501[4]。该数据集由 6 个摄像头(包含 5 个高清摄像头和 1 个普通摄像头)拍摄而成,包含 1501 个行人的 32 668 个行人矩形框。2018 年,北京大学的 Wei 等人[5]公开发布了一个接近真实场景的大型行人重识别数据集 MSMT17。该数据集包含 4101 个行人的 126 441 个行人矩形框。MSMT17 数据集由安装在园区内的 15 个摄像头拍摄而成,其中包括 12 个户外摄像头与 3 个室内摄像头。在数据采集过程中,Wei 等人特别选择了在一个月

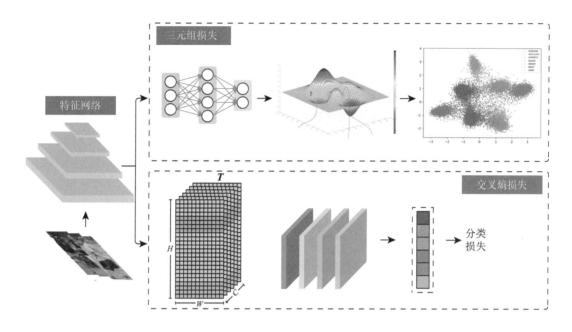

图 1.2　基于深度学习的行人重识别方法的标准处理流程

内具有不同天气条件的 4 天，并涵盖了早上、中午、下午三个时段。

在基于深度学习的行人重识别方法处理流程中，深度学习模型在训练阶段通过梯度反向传播[6]来优化模型参数。这一过程使得模型能够学习到样本的特征及其分布特性，并通过拟合输入样本，使特征在特征空间内形成聚类，从而使模型具备预测行人 ID 的能力。而在测试阶段，训练完成的深度学习模型根据输入的查询图像对查询库中的样本进行特征匹配，并根据特征相似度将匹配结果从高到低排序，从而实现对特定行人 ID 的检索。

与传统方法相比，深度学习模型能够学习到更为抽象的行人外观视觉特征，并过滤背景等干扰信息，从而提高行人重识别方法的识别精度。但是，现有的深度学习网络主要基于图像分类、物体识别等基础任务进行模型构建，难以直接适配行人重识别等特定任务。因此，针对行人重识别任务所面临场景的复杂性，构建具有针对性的深度学习模型，是解决行人重识别问题的关键。

首先，为解决行人重识别问题，充分挖掘图像样本中局部特征的潜力至关重要。虽然深度学习模型对视觉特征具有强大的拟合能力，但现有方法往往更侧重于获取对识别结果鲁棒的直接特征，而忽略了局部特征之间关联信息的重要性。同时，现有的许多基于局部特征的方法在提取特征描述子时采用了基于密集网格或分割水平条纹的方式。这种处理方式与人眼的基本认知存在较大差异，切割点位置图像特征的完整性被破坏，导致所提取的特征描述子在判别力与鲁棒性上仍有待提高。因此，为进一步挖掘局部特征的潜在辨识能力，提升特征的有效性，提高基于深度学习的行人重识别模型的精度，在不破坏原有图像特征的基础上构建一种基于图像局部特征的关系特征学习框架，成为解决重识别问题的关键研究内容。

　　其次,遮挡问题是行人重识别任务中一个重要且具有挑战性的课题。如图 1.3 所示,在基于深度学习的模型中,输入图像通常作为一个整体输入到网络中,这使得模型难以准确区分行人的图像特征与遮挡物的图像特征。现有的行人重识别方法主要关注常规场景,对遮挡场景的关注相对较少。对于裁切准确、行人躯干完整且关键点对齐的图像样本,背景图像特征通常在深度学习模型的训练过程中被过滤掉。而相比于背景噪声,识别前景遮挡物特征的难度更高,可能对行人重识别模型的精度产生较大影响。在主流行人重识别数据集中,无遮挡场景占绝大多数,这意味着大部分样本中的目标行人具有完整的视觉特征信息。但是,在实际场景中,当行人在街头或开阔场地行走时,常会被汽车、垃圾桶、行李箱、花坛、街边绿植或其他障碍物遮挡。此外,多人同向或逆向运动时也可能发生行人之间的相互遮挡。值得注意的是,遮挡样本在数据集中所占的比重较小,这种样本不均衡使得深度学习模型难以通过自主学习来适应遮挡场景,训练样本稀缺进一步加剧了行人重识别任务中识别遮挡特征的难度。现有的行人重识别数据集均采集自真实世界的摄像头,这些摄像头的位置固定且数量有限,因此摄像头抓取的图像往往包含相同的背景与遮挡物。同一遮挡物的高频次输入容易误导深度学习模型将此类干扰噪声误认为是行人特征的一部分。因此,基于常规场景的行人重识别方法难以在遮挡数据集上达到理想的识别精度。如何在遮挡与非遮挡场景的行人重识别算法间寻找共性,对图像可见躯干部分进行特征拟合,进而降低遮挡物噪声对模型最终特征表达的影响,成为一个极具挑战性且贴近现实场景的课题,具有高度的实用价值。

图 1.3　行人重识别遮挡场景示意图

此外，基于深度学习的行人重识别模型对颜色特征的过度依赖同样是一个亟待解决的问题。在行人重识别任务中，过度依赖颜色特征实际上削弱了深度学习模型获取其他有判别力的非颜色特征的能力。图 1.4 展示了 Market-1501 和 DukeMTMC-reID 两个数据集中相近颜色特征对深度学习模型的干扰情况。尽管目标行人的衣着颜色是行人重识别模型检索的重要依据，且颜色特征往往是最直观、最易于获得的辨识性特性，但在行人重识别任务中，过度依赖颜色特征的行人重识别方法存在以下局限性：

（1）不同品牌和参数的摄像头间普遍存在不同的颜色空间偏好（俗称偏色问题），而光照条件在不同时段的变化会进一步增大图像样本间的颜色差异。

（2）行人重识别任务关注行人本身，而行人衣着颜色的多样性偏低，且不同群体对色号的偏好不同，因此容易出现衣着颜色相似的问题。例如，夏天男士常选择白色上衣搭配黑色下装。

（3）从模型训练的角度来看，现有数据集的规模不足以使深度学习模型学习出对颜色特征具有足够强泛化能力的模型，因此难以通过训练使行人重识别模型减少对颜色特征的依赖。

(a) Market-1501　　　　　　　　　　　　(b) DukeMTMC-reID

图 1.4　Market-1501 和 DukeMTMC-reID 两个数据集中相近颜色特征对深度学习模型的干扰情况

因此，如何设计对颜色特征鲁棒的深度行人重识别模型，以减少其对单一类型特征的依赖，并降低最终特征中颜色特征的权重，是一个具有现实意义的研究方向。

最后，基于 Transformer[7] 注意力学习的深度学习模型是行人重识别领域近年来比较热门的一个研究方向。相较于传统的卷积神经网络[8,9]模型，基于注意力学习的模型在单层网络层的感受野上更具优势。传统的卷积核尺寸通常为 $1×1$、$3×3$、$5×5$、$7×7$ 等(部分新模型尝试使用更大的卷积核[10]),基于注意力学习的模型能够在单一层内将感受野扩大至整个图像。虽然近年来出现了许多基于注意力学习的优秀行人重识别模型,但这类模型的训练一直存在困难。相比于传统卷积网络,基于注意力学习的模型更难准确学习到高响应的图像局部区域。而在新的更大规模训练集出现之前,受限于当前主流行人重识别基准数据集的规模,研究人员无法通过增加数据的方式来加强模型训练。因此,如何有效利用外部监督信息来驱动注意力聚类,使模型能够根据已知语义特征分区推断出显著的图像特征规律,从而增强其学习高辨识度图像特征的能力,成为一个具有挑战性的问题。

本书以多粒度特征融合的深度学习方法为基础,针对行人重识别领域的关键问题,从模型可用性的角度出发,设计了若干结构紧凑且高效的深度学习网络框架。

1.2 国内外研究现状

随着深度学习技术的飞速发展,近年来行人重识别领域出现了许多优秀的基于深度学习的方法。相比于基于特征提取与相似度度量的传统行人重识别方法,基于深度学习的行人重识别方法在识别精度上已远超前者。同时,规模更大、分辨率更高的行人重识别基准数据集的出现也为行人重识别方法的进一步发展提供了有力支持。其中,基于局部特征与针对遮挡场景的研究逐渐受到国内外学者的关注,而基于注意力学习的方法也成为当前行人重识别模型设计的新方向。自 2017 年以来,在计算机视觉领域的各项顶级会议中,基于注意力学习的方法大量涌现。在后续小节中,我们将对部分具有代表性的方法进行介绍。

1.2.1 基于特征学习与度量学习的行人重识别方法

基于特征学习(Representation Learning)的行人重识别方法充分利用深度学习模型的图像特征提取能力,通过从原始输入样本中提取相应的图像特征,实现对行人 ID 的预测。因此,部分研究者将行人重识别问题视为一种分类问题或者验证问题。其中,分类问题是指利用行人的 ID 或者属性作为训练标签进行模型训练;验证问题则是指通过输入成对图像样本,让网络学习样本间的相似度,进而判断样本是否属于同一行人。图 1.5 展示了基于特征学习与度量学习的行人重识别方法的差异。基于这两种研究思路,涌现了许多优秀的行人重识别方法,既有基于特征学习或度量学习的方法,也有结合两者优点对深度学习模型参数进行优化以获得更为鲁棒的图像特征的方法。从研究方法来看,结合特征学习与度量学习优点的方法已成为学术界的主流研究趋势,许多方法都是在此基础上发展起来的。

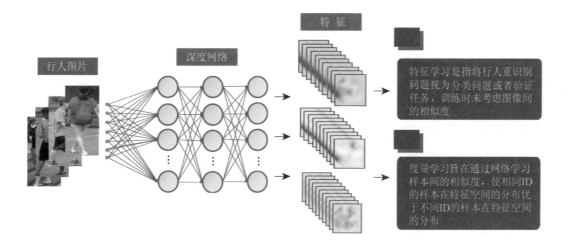

图 1.5 基于特征学习与度量学习的行人重识别方法的差异

如前文所述，基于特征学习的方法是一类常用的行人重识别方法。由于卷积神经网络可以根据任务需求从原始的图像数据中提取出有效的图像特征，因此部分研究者将研究重点放在了如何获取对分类结果有直接影响的图像特征上。常见的做法是在特征提取网络层后添加全连接层和 Softmax 层，以辅助进行分类。在分类问题中，以行人身份 ID 为标签，模型输出各分支属于该行人身份 ID 的概率；在验证问题中，模型直接对输入的成对图像学习其相似度，以判断它们是否属于同一行人。

总体而言，目前更多的深度学习方法基于分类问题展开，且在性能上，基于分类的方法通常优于基于验证的方法。例如，Zheng 等人[11]提出了一种新的特征学习网络框架，该框架融合了验证和分类两类模型的优点，通过同时计算分类损失和验证损失来充分利用标注信息，以获得更为鲁棒的行人图像特征。Qian 等人[12]提出了一个多尺度深度学习模型（Multi-scale Deep Learning Architecture，MuDeep），用于捕获不同尺度上的判别特征，并自适应地挖掘适合的尺度以用于行人检索。Kalayeh 等人[13]在行人语义解析重识别（Human Semantic Parsing for Person Re-Identification，SPReID）方法中引入了语义解析信息，以捕获像素级判别线索，增强对人体姿态变化的鲁棒性。其他具有代表性的基于特征学习的行人重识别方法还包括行人身份判别嵌入模型[14]、单个和交叉行人图像表示联合学习模型[15]等，这些方法进一步提高了基于特征学习的方法的性能。而深度卷积行人重识别模型[16]、行人属性注意力模型[17]、行人属性驱动的特征解耦模型[18]、行人对抗视角融合特征学习模型[19]、多视角行人特征融合模型[20]等认为，仅依靠行人 ID 信息不足以学习出泛化能力足够强的模型，需引入额外的标注信息（如性别、头发、衣着等）来增强深度学习模型的特征学习能力。通过引入属性标签，模型不仅需要准确地预测出行人 ID，还需要预测出各项行人属性，从而大大增强了模型的泛化能力。例如，Lin 等人[21]提出了一个基于多属性学习的行人识别（Attribute-Person Recognition，APR）网络，该网络集成了一个行人 ID 分类损失和多个属性分类损失，并通过对所有分类损失进行加和来实现反向传播。

与基于特征学习的方法不同，基于度量学习的方法旨在通过网络学习图像之间的相似度，因此可视为一种聚类方法。从特征分布的角度来看，属于同一行人 ID 的图像之间的分布相似度应远高于不同行人 ID 之间的分布相似度。度量学习损失函数的设计原理是缩小相同行人（即正样本对）之间的距离，同时增大不同行人（即负样本对）之间的距离。常见的度量学习损失函数包括对比损失（Contrast Loss）[22, 23]、二进制验证损失（Binary Verification Loss）[11]、三元组损失（Triplet Loss）[24-26]、四元组损失（Quadruplet Loss）[27, 28]、难样本采样三元组（Triplet with Hard Example Mining，TriHard）损失[29, 30]等。其中，三元组损失是在基于质量学习的行人重识别方法中被广泛使用的一类损失函数。如图 1.6 所示，三元组损失需要三幅输入图像，包括锚样本图像、正样本图像与负样本图像。通过缩小正样本对之间的距离、增大负样本对之间的距离，三元组损失使得相同 ID 的行人图像在特征空间内形成聚类，从而实现重识别的目的。

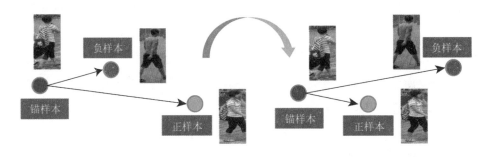

图 1.6　三元组损失的原理示意图

此外，难样本采样三元组损失在三元组损失的基础上进行了改进。三元组损失的样本是随机从训练数据中抽样的，这样的抽样方法虽然简单，但往往导致简单、易区分的样本对被用于训练，这对于网络学习有效的特征是不利的。因此，有学者提出使用困难的样本进行训练，以提高模型的泛化能力。具体来说，对于每一训练批次，随机挑选 N 个行人 ID，对于每个行人 ID，再随机挑选 M 幅不同的图像，即每一训练批次均包含 $N \times M$ 个图像样本。然后，在每一训练批次的图像样本中挑选一个最难的正样本与一个最难的负样本来组成三元组，这就是难样本采样三元组损失的基本思路。

基于特征学习与度量学习的方法均为行人重识别研究中的常用方法，其根本出发点都是提升深度学习模型对输入样本图像特征的学习能力。这两种方法都各自有代表性的方法。近年来的一些研究工作表明，同时使用基于特征学习与度量学习的方法能够提升深度学习模型学习特征的鲁棒性。因此，当前许多行人重识别方法选择结合使用这两种方法。

1.2.2　基于局部特征的行人重识别方法

根据视觉特征覆盖区域的差异，可将现有行人重识别方法可分为基于全局特征的方法（如改进型对比学习行人重识别模型[31]、k-互反编码行人重识别模型[32]、鲁棒锚嵌入无监督行人重识别模型[33]）与基于局部特征的方法（如精细化部件行人检索模型[34]、改进型三元组损失多通道部分行人重识别模型[35]、多尺度上下文行人检索模型[36]）。基于全局特征的行人重识别方法从目标图像中提取整体特征，因此该类方法不可避免地会忽略部分图像细节特征。早期的特征模型构造方式是在全局特征提取网络之后连接全局池化层（如全局平均池化层或全局最大池化层）。然而，随着全局特征在提升模型准确率上遇到瓶颈，研究者逐渐转向基于局部特征的研究方法。该类方法的基本思路是限制深度学习模型在特定图像区域内进行特征提取与学习，使网络更加聚焦于局部特征。许多优秀的行人重识别方法都致力于挖掘局部特征的潜力。图 1.7 展示了常见的基于局部特征的行人重识别方法的研究思路，包括基于人体姿态估计信息的行人重识别方法、基于信息分割的行人重识别方法、基于图像水平分割的行人重识别方法、基于图像网格分割的行人重识别方法等。

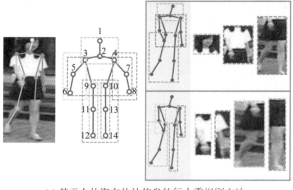

(a) 基于人体姿态估计信息的行人重识别方法　　　　(b) 基于信息分割的行人重识别方法

(c) 基于图像水平分割的行人重识别方法　　　　(d) 基于图像网格分割的行人重识别方法

图 1.7　基于局部特征的行人重识别方法

1. 基于人体姿态估计信息的行人重识别方法

人体姿态估计信息被用于解决数据集中因裁切错误而导致的行人关键点不对齐问题[37-40]。基于人体姿态估计信息的行人重识别方法通常利用预训练的姿态估计模型(如DensePose[41]、OpenPose[42])来提取人体姿态估计信息。随后,这些解构后的人体姿态估计信息被用来在原图像上划分人体各部位的语义区域(如头部、躯干、四肢等),通过对这些语义区域进行特征融合可以获得更具判别力的特征。SpindleNet[43]是基于人体姿态估计信息引导的区域多阶段特征分解和树形结构研究方法的代表。SpindleNet 行人重识别方法示意图如图 1.8 所示,其中,CNN(Convolutional Neural Networks)代表卷积神经网络,RPN(Region Proposal Network)代表区域生成网络,ROI(Region Of Interest)代表感兴趣区域,pooling 代表池化操作。根据图 1.8 可知,SpindleNet 的实现包括在不同语义层提取特征和在不同阶段进行特征融合两个步骤,最终由粗到细生成响应图。

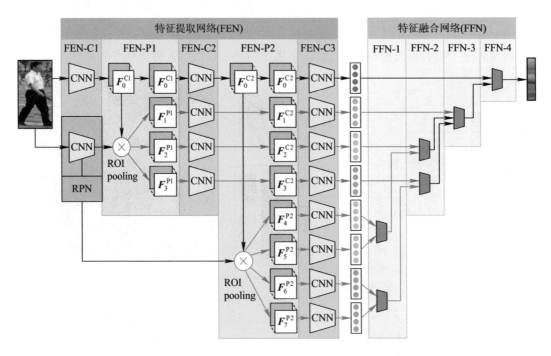

图 1.8　SpindleNet 行人重识别方法示意图

与 SpindleNet 对人体部位的精细化分区不同,全局与局部对齐描述(Global-Local-Alignment Descriptor,GLAD)[44]方法采用了粒度更大的划分方式,即将人体大致划分为上半身和下半身,并分别提取头部、上半身、下半身的特征,以学习较为精细的局部特征。Zhao 等人[45]提出了一种局部对齐方法,即首先将人体整体结构分解为多个局部部件,然后进行部件级匹配,通过计算各个区域的特征向量并将这些向量连接,从而得到整个人的特征向量表示。该方法通过对人体进行区域分割，显著增强了对人体姿态变化的适应性，为解决人体姿态多变和人体空间分布不鲁棒的问题提供了一种新的思路。

Cheng 等人[35]提出了一种新的基于三重框架的多通道网络模型。该模型通过整合局部身体部位特征和全局全身特征，并在多个通道进行部件特征融合，有效挖掘了部件级特征的潜力。Suh 等人[46]提出了一个基于部件对齐的双分支网络模型，该模型由一个双流网络和一个聚合模块构成，它将人体姿态估计信息与整体特征相结合，计算对齐的部件特征，且无须对输入图像进行身体部位标注。初始化人体部件特征所使用的预训练权重是通过标准姿态估计训练集获得的。Zhang 等人[47]设计了一种由主图像分支（Main Full Image Stream，MF-Stream）和密集语义对齐引导分支（Densely Semantically-aligned Guiding Stream，DSAG-Stream）构成的双流网络。其中，DSAG-Stream 作为调节器辅助训练 MF-Stream，引导 MF-Stream 从原始图像中密集地学习语义对齐特征。最后，在 DSAG-Stream 与 MF-Stream 特征融合的基础上进行学习。该方法的创新之处在于 DSAG-Stream 有效地对输入样本的不同部位进行语义对齐，从而解决了不同角度和不同背景下同类样本的差异问题。其他基于人体姿态估计信息的行人重识别方法还包括行人时空关联与拓扑学习模型[48]、背景偏差消除检索模型[49]、行人对偶部件对齐表示学习模型[50]、行人部位深层差异特征学习模型[51]、行人域自适应范例记忆模型[52]等。基于人体姿态估计信息的行人重识别方法旨在解决图像样本间人体部件不对齐的问题，这种不对齐可能由街头遮挡或自动检测器的精度问题导致。这些方法通过对人体图像进行语义划分来解决样本对齐错误，但是它们过度依赖姿态估计器的精度。由于现有主流数据集中的样本图像尺寸受限且分辨率偏低，姿态估计器的实测精度往往不够理想。

2. 基于信息分割的行人重识别方法

基于信息分割的行人重识别方法通常利用预训练的人体图像分割模型（如 DeepLab[53]）来分离人体与背景图像元素，并对提取出的人体体表图像信息进行像素级别的语义划分，以获得融合了全部人体部件级特征的最终图像特征。Song 等人[54]提出了一种基于轮廓分割的对比注意模型（Mask-Guided Contrastive Attention Model，MGCAM），该模型旨在学习与背景无关的特征。它通过将前景与背景分离，获取二值化的行人分割轮廓图，并将其与原输入图像结合，形成四通道输入网络。同时，该模型利用部件级三元组损失来约束全图特征与行人体表特征在特征空间中的接近度，以削弱背景特征对分类结果的影响。此模型的另一特点是无须进行关键点对齐，因此能够匹配不同尺寸的行人图像。Kalayeh 等人[13]通过预训练的人体图像分割模型来获得身体五个不同区域的概率图，利用这些概率图生成对应区域的权重分布，并将其与特征图进行乘加运算，以增强特定部位的特征，从而提高了局部视觉线索的使用效率。该方法通过精细化的分割与权重计算策略，不仅减少了非前景特征的影响，还起到了类似于关键点对齐的作用，使网络能够学习到对人体姿态更为鲁棒的图像特征。基于信息分割的行人重识别方法通过区分前景与背景，使网络模型更加关注人体图像信息，同时获得与基于人体姿态估计信息的行人重识别方法相类似的对齐效果，从而使模型学习到对背景和人体姿态更为鲁棒的特征。然而，基于信息分割的行人重识别方法的局限性在于其整体模型的识别准确率高度依赖外部人体图像分割模型的精度。

3. 基于图像水平分割的行人重识别方法

在不使用人体姿态估计信息的前提下，对输入样本进行水平分割以提取图像局部特征，并最终融合所有局部特征以形成图像的最终特征，是行人重识别研究领域中的一种常见方法。与基于人体姿态估计信息与基于信息分割的行人重识别方法相比，基于图像水平分割的行为重识别方法不依赖预训练姿态估计器与人体图像分割模型的精度，且不需要额外的辅助信息，其网络结构与训练过程较为简单。Sun 等人[34]所提出的基于部分的卷积基线（Part-based Convolutional Baseline，PCB）方法是一种基于图像水平分割的行人重识别基线方法，其以相对简洁的网络结构取得了良好的效果。图 1.9 所示是 PCB 方法的示意图。该方法在输入图像特征的基础上通过平均池化策略对特征进行软性分割，随后对每一个获得的独立局部特征进行分类预测，避免了图像硬分割所导致的切割点周围特征丢失的问题。该方法基于一个基本前提，即每一个独立局部特征切片均包含相似内容，因此 PCB 方法仍隐含了人体体表关键点对齐的假设，所使用的特征尺度较为单一，难以处理非对齐或遮挡等复杂场景。PCB 方法对后续基于图像水平分割的行人重识别方法产生了深远的影响，许多后续方法均采用了该基线方法，如多视角行人检索模型[55]、域不变映射行人检索模型[56]。PyramidNet[57]方法在 PCB 方法的基础上增加了不同粒度上的水平分割局部特征，形成了由粗到细的金字塔结构。该方法不仅融合了局部特征和全局特征，还强化了局部特征和全局特征之间的线索，减少了检测框误差带来的影响。Varior 等人[58]提出了一种将长短期记忆（Long Short-Term Memory，LSTM）神经网络与孪生网络相结合的网络，该网络将输入图像进行水平切块处理，然后将分割后的图像按照从头部到身体的顺序送入

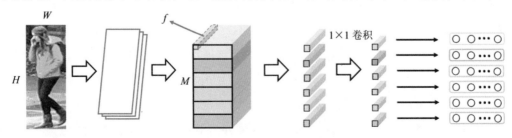

图 1.9　PCB 方法的示意图

LSTM 神经网络中进行训练,并通过序列化的方式处理局部图像。该网络通过空间依赖性挖掘与上下文信息传播来增强聚合区域特征的辨识能力,从而提高局部特征的表达能力。与基于人体姿态估计信息和基于信息分割的方法相比,基于图像水平分割的方法无须训练估计器或增加额外标签,因此其模型整体的训练难度和硬件要求较低。

4. 基于图像网格分割的行人重识别方法

基于图像网格分割的行人重识别方法通常会对输入样本进行网格状分割,以获得粒度更小的图像特征序列。同时,这些方法还会结合特定的匹配策略来度量图像间的相似度,以提升模型的识别精度。Li 等人[59]提出了一种名为 DeepReID 的方法,该方法的示意图如图 1.10 所示。该方法利用滤波器配对神经网络对输入样本进行网格化分割,以获取细粒度的图像特征,并通过一组孪生网络来匹配局部特征的相似度,以应对样本间由于光照、视角与人体姿态变化所带来的干扰。此外,Li 等人还提出了 CUHK03 数据集,该数据集是当时最大的行人重识别基准数据集之一,也是他们在自己的研究中所使用的基线数据集之一。在 Li 等人的研究基础上,He 等人[60]提出了针对遮挡问题的基于图像网格分割和局部计算特征相似度的深度空域特征重建(Deep Spatial Feature Reconstruction,DSR)方法。该方法首先对两个输入样本进行网格分割并提取其局部特征序列,然后通过特定方程计算样本的特征系数矩阵,以计算成对样本间的特征相似度。由于该方法基于细粒度网格特征,在行人重识别的相似度匹配过程中能够自动匹配图像样本的相似区域,因此在处理遮挡场景时展现出良好的适应性。

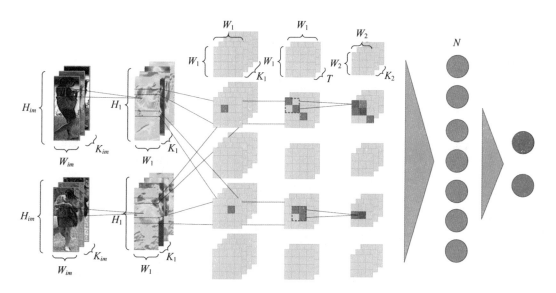

图 1.10 DeepReID 方法示意图

除上述方法外，具有代表性的基于局部特征的行人重识别方法还包括部分采用金字塔结构的方法，如行人图像二阶信息提取模型[61]、行人横向金字塔特征匹配模型[62]、行人金字塔非局部增强模型[63]、双流动态金字塔行人表示学习模型[64]等。这些方法整体上通过由粗到细的方式融合多个粒度的图像特征，以获取更为全面和细致的行人特征。

1.2.3　基于图像注意力的行人重识别方法

基于图像注意力的行人重识别方法[65-68]是近年来备受关注的方法。作为深度学习的另一类方法，注意力学习在计算机视觉领域展现出了巨大的潜力。因此，本书将单独介绍基于图像注意力的行人重识别方法，以突出其独特性和重要性。

自 Transformer[7]模型问世以来，图像注意力机制在不同的计算机视觉任务(包括分类、识别、跟踪等)中均得到了广泛的应用，并催生出了大量优秀的方法。图1.11直观展示了基于图像注意力的行人热力图。从某种意义上讲，图像注意力机制与行人重识别具有天然的可结合性。本质上，注意力机制是通过对局部特征进行加权来引导深度学习模型更加关注区域内特征有效性的一种方式。在计算机视觉任务中，注意力机制的核心思想是让模型能够自动忽略与任务关联度较低的信息，而更多地聚焦于对结果产生关键影响的显著图像特征上。这与行人重识别问题的核心思路相契合，即突出并关注人体躯干部位的关键特征，同时尽量避免背景和遮挡物的干扰。

图1.11　基于图像注意力的行人热力图

基于局部特征的行人重识别方法存在局限性。例如，大部分基于局部特征的方法需对输入图像进行一定尺度的分割，这不仅会破坏图像原有的完整性，导致信息丢失，而且不符合人类的视觉感知特性。人眼天然具备聚焦能力，可以忽略背景而重点关注目标主体。换言之，人在判断一幅图像是否属于某个目标行人时，并不会将显著特征进行分割。鉴于此，我们期望通过引入注意力机制，进一步挖掘局部特征的有效性，提升行人重识别的精度。通过模拟人类的视觉注意过程，注意力机制可以帮助模型更加准确地定位和提取出对行人重识别至关重要的特征信息，从而提高识别的准确性和鲁棒性。

1. 基于图像注意力的行人重识别方法

基于图像注意力的方法在行人重识别任务中被广泛用于对输入图像的视觉内容进行端到端的编码训练，以提升深度学习模型的特征学习能力。Li 等人[69]提出了一种学习模型，该模型联合了硬注意力机制与软注意力机制，并实现了注意力方式选择与特征表征的交互。该模型包含一个全局特征分支与多个局部特征分支，能够同时学习全局特征与局部特征。此外，通过不同分支间参数的共享，该模型减少了局部特征分支的层数，从而减少了模型的参数量。Wang 等人[70]提出了一种新的全域注意力模块（Fully Attentional Block，FAB），用于联合挖掘通道注意力信息和空间注意力信息。由于空间信息的引入，该模块对行人关键点不对齐问题展现出了良好的适应性。该模块结合了三元组损失、焦点损失（Focal Loss）和注意力损失（Attention Loss）三种类型的损失函数，并将所有损失函数结合起来进行模型训练，以挖掘鲁棒的行人特征。Shen 等人[71]提出了一种基于克罗内克积的深度匹配和沙漏状多尺度自残差注意力的孪生卷积神经网络（Siamese-CNN）。Siamese-CNN主要考虑了多层的空间信息及匹配图像之间的相关性，通过将输入样本转化为特征向量并计算特征间的相似性，同时加入空间注意力机制来识别感兴趣的图像区域，以提升相似度匹配的准确率。多尺度信息与空间注意力机制的加入使得该网络对人体姿态形变具有良好的适应性，从而提升了行人重识别模型的性能。Chen 等人[72]利用强化学习的思想，将图像注意力机制与特征学习相结合，通过注意力机制来监督并指导卷积网络进行特征学习，从而提升了网络模型特征学习的质量。Wang 等人[73]设计了 BraidNet 模块，用于减少行人重识别样本间色差及行人关键点不对齐所带来的影响。该模块通过多个卷积层及注意力层结构的级联来完成卷积特征的对齐。Wang 等人[74]提出了一种弱监督多实例注意力学习框架，用于进行基于视频的行人重识别。该框架通过共享注意力机制来挖掘具有相同行人 ID的视频之间的特征相似性。此外，近年来还涌现出了其他一些具有代表性的基于图像注意力的方法，如行人注意对齐网络[75]、行人多尺度注意力模型[76]、行人特征精细筛选学习模型[77]、行人属性强化注意力模型[78]、行人异构局部图注意网络[79]、行人特征金字塔模型[80]等。注意力学习机制不需要额外的辅助系统或者信息，仅依赖图像标签即能取得较好的分类效果。从近年来基于注意力的模型的发展来看，单纯基于注意力的结构或注意力与卷积网络相结合的方式在行人重识别领域仍具有很大的发展潜力。

2. 跨多个目标行人图像注意力的行人重识别方法

Si 等人[81]提出了一种双感知匹配网络，用于学习上下文感知特征序列，并同步执行序列比对，以解决单一特征易受现实场景中关键点不对齐及检测器分割错误干扰的问题。整个网络框架由两个串联的子网络构成，其中一个子网络为特征序列挖掘子网络，用于进行特征序列的提取与挖掘；另一个子网络为特征匹配子网络，用于进行特征子网络的比对。特征序列挖掘子网络基于卷积网络，能够提取时间和空间上的特征。特征匹配子网络基于双感知机制，利用序列感知注意力进行序列内精炼和序列间的特征对齐。Zheng 等人[82]提出了一个孪生注意力一致性网络结构，以解决行人重识别任务中的空间定位难题和提升视点不变性表示学习的能力。该网络通过向孪生网络输入同一行人 ID 的图像样本，将注意力的一致性作为学习过程中的一个明确且有原则的部分，从而增强了交叉样本关联视点的特征鲁棒性。Zhou 等人[83]在网络的不同层级进行注意力学习，通过验证深层次特征图与浅层次特征图的注意力一致性来得到更高质量的行人注意力特征。Chen 等人[84]突破了传统方法的局限，不仅考虑了局部约束的相似度学习，而且创新性地提出了结合条件随机场（Conditional Random Field，CRF）与深度神经网络（Deep Neural Networks，DNN）的额外相似度学习模型。该模型在同一框架中集成了多幅图像的局部相似性和群组相似性，并在测试时结合多个尺度的局部相似性进行结果预测，以学习到更一致的局部相似性度量特征。光谱特征变换（Spectral Feature Transformation，SFT）[85]方法也采用了类似的群组相似性度量思路。

图像注意力机制为行人重识别方法的研究提供了新的思路，尤其在弱监督与无监督学习领域。由于图像注意力机制仅从图像本身获取信息，因此近年来出现了许多基于图像注意力的优秀方法。

1.2.4　针对遮挡场景的行人重识别方法

遮挡问题是行人重识别任务中需要特别关注的一类特殊场景。当行人在室内、街头或园区内移动时，由于摄像头视角固定，视野内的障碍物（如行李箱、汽车、灌木、花坛等）会对行人造成遮挡。尽管深度学习方法显著提升了行人重识别模型的识别性能，但常规的行人重识别方法缺乏针对遮挡的专门设计，难以同时处理常规场景和遮挡场景。此外，从模型训练的角度来看，由于遮挡场景在整体样本数据集中所占比例较小，样本整体的不均衡使得深度学习模型难以自发地从训练集中学习到针对遮挡的有效特征。因此，遮挡问题成为行人重识别领域需要特别关注的一个问题。如图 1.12 所示，在处理行人重识别中的遮挡问题时，需排除遮挡物对行人图像特征的干扰。

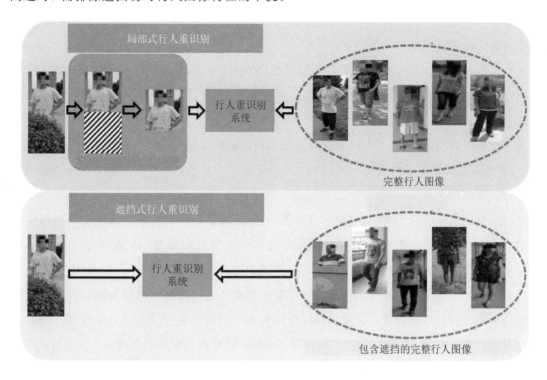

图 1.12 针对遮挡场景的行人重识别方法示意图

相比常规行人重识别方法，针对遮挡场景的行人重识别方法在其发展过程中形成了独特的处理方法。根据解决思路的不同，这些方法大致可分为局部式行人重识别（Partial Re-ID）方法与遮挡式行人重识别（Occluded Re-ID）方法。两者的主要区别在于，局部式行人重识别方法在图像预处理过程中会裁切掉遮挡物所在的图像区域，然后将裁切后剩余的图像作为输入进行特征提取和特征学习。而遮挡式行人重识别方法则以包含遮挡物的完整原始图像样本作为输入，模型在不对遮挡物进行裁切的情况下，尽量规避遮挡物对分类结果的干扰。目前，涌现出了许多优秀的基于这两类方法的方法，它们所能达到的效果也基本相同，没有明显的优劣之分。因此，这两类方法均有可能成为处理遮挡行人重识别问题的有效方法。

1. 局部式行人重识别方法

针对遮挡场景的局部式行人重识别方法的特点是其输入模型处理的样本是经过裁切处理的图像。由于遮挡物多为低矮障碍，模型输入样本通常仅包含行人上半身，输入尺度相较于原始图像样本发生了变化。因此，局部式行人重识别方法的核心问题是处理裁切后人体部位的缺失及关键点未对齐的问题。He 等人[60]提出了一种深度空域特征重建方法，该方法无须对图像进行对齐，且能适应不同尺度的图像输入。该方法的另一特点是将稀疏特征重建学习与深度学习整合到同一框架内，通过端到端训练来模拟并拟合同一行人 ID 的特征分布。同时，该方法使用块特征重建替代像素级特征重建，并通过多层次模型最终提升了局部式行人重识别方法的性能。

Sun 等人[86]提出了一种局部可见感知模型（Visibility-aware Part Model，VPM）。该模型通过自监督学习感知可见区域内的特征，以解决局部行人图像与整体行人图像比较时产生的空间错位问题。该模型利用可见感知的特性来提取并比较图像间的共同关注区域。与关注全局特征的模型相比，VPM 能够提取更为精细的图像特征。同时，利用可见感知的属性，VPM 可估计样本间的共享可见区域，从而显著提升模型的特征学习能力，并抑制因空间错位所带来的干扰。

针对裁切后关键点不对齐的问题，He 等人[87]提出了一种端到端空间金字塔特征学习网络。该网络利用基于前景感知的金字塔重建相似性度量来处理不同尺度的图像样本输入，并生成判别特征。为实现空间特征匹配并减少遮挡所造成的特征干扰，该网络利用前景概率生成器来获取前景概率图，以区分前景与背景。通过为身体部位分配较大的权重和为遮挡部位分配较小的权重，该网络指导空间重构及后续的金字塔重建，从而进行可靠的匹配分数计算。同时，该网络舍弃了所有全连接层，仅保留卷积层和池化层，以支持从不同尺度的输入样本中提取空间特征。在测试阶段，该网络通过连接空间金字塔特征来获得包含输入多尺度信息的最终空间特征，为解决裁切所造成的尺度变化问题提供了新的思路。

在针对遮挡场景的局部式行人重识别方法中，具有代表性的方法是局部感知变换器（Part-Aware Transformer，PAT）[88]方法。该方法通过局部 Transformer 结构对图像内容的上下文进行像素级点对点编码和解码，并设计了零件多样性和零件可识别性机制来应对遮挡问题。

除了通过学习来进行区域对齐以解决裁切后所导致的错位问题，利用人体姿态估计信息等辅助标签信息也是解决遮挡问题的常见方法。例如，文献[89]提出了一种方法，通过人体姿态估计信息引导来提取裁切后图像样本与全身图像样本的共同关键点，用于获取两者的共同可视区域并计算共享关键点区域的特征相似度。该方法是使用外部信息提取裁切后图像样本及未裁切样本间共同特征的代表性方法。然而，外部信息的加入虽然有助于模型准确区分遮挡物，但与其他基于人体姿态估计信息的行人重识别方法[90,91]类似，该方法也需要引入姿态估计器或人体前景分割器，这增加了模型的复杂性和计算成本。

2. 遮挡式行人重识别方法

遮挡式行人重识别方法的特点是，它并不预先标出包含遮挡物的图像样本，而是将包含遮挡物的图像样本与未包含遮挡物的图像样本进行相同的处理流程（如分类、排序或者比较）。Zhuo 等人[92]通过随机在样本中添加遮挡块来模拟遮挡场景，并发布了 Partial-REID 基准数据集。Miao 等人[91]提出了一种基于双流人体姿态估计信息来引导特征对齐的方法。该方法利用人体姿态估计信息将有效特征与遮挡物分离开来。该方法包含两个分支，其中一个分支是人体姿态估计信息引导的特征提取分支，该分支利用姿态估计器得到未遮挡区域的掩码，并最终得到去除遮挡区域的特征图。另一个分支是局部特征提取分支，该分支参考了 PCB 方法，对特征图进行软性划分。在此方法中，人体姿态估计信息被用于引导生成特征注意力图，以指示相应图像区域是否存在遮挡，并引导模型关注未被遮挡的图像区域特征，从而解决局部遮挡问题。Fan 等人[93]提出了一种使用空间通道并行（Spatial-Channel Parallelism，SCP）损失来实现局部特征监督全局特征的方法。该方法沿用了 PCB 方法对特征进行水平分割的思路，将水平局部特征精馏至全局特征相应的通道特征上，强化了所获得的全局特征中的局部信息，弱化了遮挡物特征对全局特征的影响。

遮挡式行人重识别方法的核心思路在于利用自主学习、人体姿态估计信息或前景分割信息等来增强深度学习模型对遮挡物特征的辨识能力，并抑制网络对被遮挡区域的响应。部分针对遮挡场景的局部式行人重识别方法同样也适用于遮挡式行人重识别任务。两种方法的差异主要体现在，局部式行人重识别方法侧重于在预处理阶段剔除遮挡区域，并重点解决裁切后行人关键点不对齐的问题；而遮挡式行人重识别方法主要通过学习来减少遮挡物特征对最终结果的影响。

1.2.5 当前亟待解决的问题

虽然基于深度学习的行人重识别方法近年来已取得长足的进步，特别是在 Rank-1 准确率这一关键指标上已达到甚至超过了人类水平，但该研究领域依然存在以下亟待解决的问题。

（1）基于局部特征的行人重识别方法忽视了不同粒度特征之间关联的重要性，导致关联特征未能得到充分挖掘和利用。

在现有的基于局部特征的行人重识别方法中，提升行人重识别准确率最直接的方式是获取更为鲁棒的局部特征，以应对人体姿态变化、视角变化、裁切未对齐等挑战。早期，提取具有判别力的局部特征确实是快速提升识别准确率的有效途径。然而，随着各种强大网络的引入，虽然基于深度学习的行人重识别模型的性能得到了显著提升，但基线网络的特征提取能力已逐渐接近其上限。此外，随着神经网络层数的加深，模型的复杂度与参数量也在同步增加，这对算力平台的要求也越来越高。随着模型训练难度与开销的不断增加，深度神经网络模型性能的提升也愈发困难。同时，现实场景的复杂性也是行人重识别方法面临的一大挑战。行人重识别需要处理现实世界中复杂的户外与室内场景，包括行人肢体的非刚性形变、拍摄视角的转换、遮挡和裁切不理想等特殊情况。仅依赖局部特征的单一权重难以应对这些复杂多变的场景。考虑到行人重识别任务的特点，其目标是根据图像线索检索出同一行人 ID 的所有样本。由于检索对象是行人，因此最容易获得的主要特征来自行人的外部着装。然而，外部着装的多样性相对有限，相互之间的差异性也较小，这导致行人重识别任务中常常出现对某类或某一部分特征的过度依赖。

综上所述，为了在行人重识别任务中应对稀疏特征的不确定性，并进一步激发局部特征的潜力，一个可行的思路是对特征之间的关联性进行挖掘，特别是不同粒度深层语义特征之间的关联关系。这种思路的基本假设是，从不同语义特征之间的关联可推理出有助于行人识别的关键关联特征。相比于仅依据少量线索进行检索，系统性地强调特征间的关联并基于关联信息进行推理更符合行人重识别任务的本质。因此，对于行人重识别而言，关联特征挖掘可更充分地发挥图像局部特征的潜力，是一个值得进一步深入研究的方向。

（2）行人重识别模型过度依赖颜色特征，难以应对复杂光照变化及衣着颜色相似的问题。

毫无疑问，颜色特征是计算机视觉任务中最重要、最直观且易于获取的一类图像特征。对于行人重识别而言，现有主流基准数据集的分辨率偏低，人脸识别等更为精细的识别及追踪技术难以应用，这使得颜色特征的重要性更为凸显。当处理规模较小的行人重识别基准数据集时，模型偏重单一类型特征并不会对整体准确率产生显著影响，甚至有时能取得较为优异的识别结果。因此，尽管基于深度学习的模型在获取鲁棒的图像特征方面已取得显著进步，但颜色特征的显著性往往被低估。

实际上，在未加限制的情况下，深度学习网络往往会提取大量的颜色空间信息或色彩相关特征，这导致了一个非常关键的问题，即对颜色特征的过度依赖。随着训练集数据规模的扩大及场景复杂度的增加，这种对颜色特征的过度依赖变得尤为突出。尤其是在光照条件多变和衣着颜色相似的情况下，深度学习模型仅依赖颜色特征很难准确区分不同的行人。例如，在夏季常见的白色上衣可能导致严重的颜色撞色问题，而光照条件的变化（如中午与傍晚的光照差异）也会给颜色识别带来挑战。

因此，尽管颜色特征在某些条件下仍然是有效的分类特征，但对于行人重识别任务而言，抑制对颜色特征的过度依赖，并引导模型学习其他更为鲁棒且具有判别力的非颜色特征至关重要。这不仅有助于提高模型在复杂光照条件下的性能，还能增强其应对颜色多样性的能力。于是，如何重新设计深度学习网络，使其能够更有效地学习非颜色特征，成了当前行人重识别领域亟待解决的重要问题。

（3）针对遮挡场景的行人重识别方法缺少对常规重识别场景的支持，导致算法的通用性不强。

当前，针对遮挡场景的行人重识别方法与常规行人重识别方法已发展为两个独立的研究方向，它们在处理思路与研究方法上存在显著差异。现有的针对遮挡场景的行人重识别方法主要分为局部式行人重识别方法与遮挡式行人重识别方法两种。尽管这两种方法都在一定程度上解决了遮挡问题，但目前的算法普遍缺乏广泛的适用性。这主要体现在它们难以同时适应遮挡和常规两种不同场景的行人重识别任务。局部式行人重识别方法通常需要对遮挡部位进行裁切，然后针对裁切后的样本进行关键点对齐。这种方法在处理部分遮挡时可能有效，但一旦遮挡面积过大或位置不固定，其性能就会显著下降。遮挡式行人重识别方法则更注重通过设计复杂的算法来抑制前景遮挡物的噪声。这类方法通常利用深度学习技术学习遮挡物与行人之间的特征差异，从而实现对遮挡行人的准确识别。然而，这类方法的复杂度较高，且对不同遮挡场景和遮挡程度的泛化能力有限。

遮挡场景作为行人重识别任务的一个子集，在实际应用中具有不可忽视的地位。行人在街头活动时，不可避免地会遇到各类遮挡物，这使得遮挡场景下的行人重识别成为一项具有挑战性的任务。然而，现有的目标自动检测与裁切算法难以完全消除遮挡物的影响，导致在样本采集阶段无法进行精确的分类与算法选择。

因此，目前针对不同场景的行人重识别算法之间存在较大的差异，彼此间的适用性较差，难以满足实际应用对行人重识别系统鲁棒性的要求。为了解决这个问题，我们需要设计一种结构简洁且通用性强的行人重识别网络，使其能够同时适应遮挡与常规两种场景，并达到较高的识别精度。这将是一个具有实际应用价值和现实意义的研究方向。

（4）在行人重识别任务中，基于注意力学习的模型难以学习到正确的高响应图像局部区域。

近年来，基于注意力学习的行人重识别方法发展迅速。相较于基于局部特征的方法，基于注意力学习的方法更符合人眼的生物学特性，能够有效避免因图像区域分割等操作导致的图像特征丢失问题。传统的局部特征提取方式通常依赖于从密集网格或水平分割区域中获取信息，这与人类的视觉认知方式存在显著差异。在计算机视觉任务中，注意力学习的核心在于构建一种机制，使深度学习网络能够聚焦于图像中具有特定线索的高响应局部区域。这种机制通过对不同图像内容赋予不同的权重并进行加权处理，使模型能够专注于那些对分类结果起决定性作用的高响应图像局部特征，这也是解决行人重识别问题的关键所在。理想的模型应尽可能聚焦于行人未被遮挡的躯干部位，同时尽量减少背景和遮挡物对图像特征的干扰。

然而，基于注意力的深度学习网络虽然能够通过处理大量的数据来自主学习不同网络层或数据通道间的权重分布，但由于缺乏有效的监督信号，这种自主学习方式有时会导致模型难以准确学习到正确的高响应图像局部区域特征。特别是在复杂的行人重识别场景中，背景和前景遮挡物的特征容易对特征提取产生干扰，导致非行人图像特征错误地混入模型的聚类特征空间中，进而影响基于注意力学习模型的最终效果。另一方面，人体姿态估计信息作为一种富含信息的属性描述，在行人重识别任务中仍具有巨大的挖掘潜力。因此，研究如何通过引入外部监督信息来引导基于注意力学习模型的聚类过程，以及如何在统一的深度学习框架下实现深层语义信息与注意力特征的有效融合与表达，是一个既具价值又富有挑战性的课题。

1.2.6 发展趋势

基于深度学习的行人重识别技术作为跨镜行人跟踪、行人行为识别等机器视觉方案的核心研究内容，尽管近年来已有了长足的进步，但考虑到现实街头环境的复杂性及安防领域对识别率的严苛要求，该技术当前仍存在一些短板，有待进一步突破。在本书现有研究内容的基础上，本小节我们对行人重识别领域的未来发展趋势与重点方向进行展望，具体概括如下。

（1）常规行人重识别与遮挡行人重识别通用算法的研究。遮挡场景是行人重识别任务中的一类特殊且重要的场景。在现有研究中，遮挡行人重识别通常被作为一个专门的问题进行研究，其数据集和评测标准与常规行人重识别的有所不同。然而，实际上，遮挡行人重识别与常规行人重识别之间的界限并非截然分明。由于算法缺乏通用性，针对遮挡场景的行人重识别方法在处理常规行人重识别数据集时往往精度不高，反之亦然。因此，如何在统一框架下设计算法，使其在遮挡行人重识别与常规行人重识别场景中均具备高效性和通用性，从而打破行人重识别模型与特定场景之间的依赖，是算法走向实际应用并具有高度现实价值的一个重要课题。

（2）大规模行人重识别数据集自动标注算法的研究。当前，行人重识别技术发展面临的主要挑战之一是数据集规模的局限性。现有主流的行人重识别数据集规模仍然有限，通常仅包含一至两千个目标行人、几万个样本，这与其他计算机视觉任务中动辄上千万级的训练样本数量形成鲜明对比。训练样本的不足严重制约了行人重识别技术的进一步发展。由于样本规模受限，模型训练集与现实监控系统数据量之间存在巨大差异，导致训练集无法全面反映现实场景，特别是难样本场景难以被充分覆盖，进而影响了行人重识别研究的后续进展。数据标注工作量巨大是阻碍数据集规模扩大的一个重要因素。对监控视频进行手工标注与裁切处理需要耗费大量人力和时间，难以通过手工方式或现有标注技术高效完成。因此，迫切需要开发新的大规模行人数据集自动标注技术。在现有的平安城市海量视频数据基础上，如何整合监控平台、行人运动轨迹、摄像头位置信息、统一时间戳等大数据要素，利用这些先验信息对行人 ID 进行自动标注，以降低数据集制作与扩充的难度，成了一个具有重大现实意义的研究课题。作为解决数据集规模瓶颈的关键手段，大规模行人重识别数据集自动标注算法的研究不仅具有实际应用价值，同时也具有极高的科研价值。

（3）跨模态/多模态行人重识别算法的研究。目前行人重识别研究主要集中于自然光照条件下的行人身份识别。这种研究趋势的形成主要是因为自然光照条件下训练数据集的获取难度相对较低。而在现实中，非自然光照条件下的场景占有相当的比例，如夜间微光场景、红外光线场景及光照不足条件下的行人识别场景等。在如此众多的非常规识别场景中，引入额外的标注信息成为成功识别的关键。换言之，跨模态/多模态信息在各种非常规识别场景中有着巨大的潜力，尚待挖掘。常见的人体相关多模态信息包括步态信息、人体姿态估计信息、前景切割信息等；非人体相关信息包括附加属性标签及其他多模态输入信息。例如，红外光线下的行人重识别是当前跨模态领域的一类典型的应用场景。由于常规摄像头拍摄的图像与红外摄像头拍摄的图像之间存在显著差异，常规行人重识别方法大多无法满足红外摄像等非常规、跨模态任务的要求。因此，如何打通不同模态间的信息通道，设计相应的模态数据转换算法，以解决跨模态行人重识别问题，是近年来非常有前景且有望取得突破的一个研究领域。

（4）高效行人重识别迁移学习算法的研究。由于前文中提到的行人重识别数据采集和标注的难度大，以及从社会学角度对个人隐私保护的重视，现有主流的行人重识别数据集的规模难以进一步扩大。在现实场景中，行人重识别任务需要处理海量数据，这导致训练集与实际测试集之间存在巨大的差异。不同数据集在拍摄视角、机位、光线条件等方面的差别导致行人重识别模型的迁移变得困难。在单一数据集上训练的深度学习模型在迁移到另一数据集后，其识别精度可能会显著下降，难以满足实际应用中的严苛要求。因此，如何设计有效的行人重识别迁移算法，使之在已有数据集上完成训练后，能够利用少量新样本数据在新的数据集上完成迁移并达到较为理想的识别精度，成为一项重要的课题。这对于推动基于深度学习的行人重识别算法的工业化应用具有重大意义。

1.3 本书的研究内容和主要贡献

通过对当前行人重识别领域国内外研究现状的分析，以及对基于局部特征的深度学习方法中亟待解决的关键问题的针对性研究，本书的研究目标确定为：提出一种基于细粒度特征融合的行人重识别研究方法。该方法以深度学习技术为核心，用于解决行人重识别细分场景下细粒度特征有效性不足的问题，进一步挖掘局部特征的潜力。为提升局部特征的有效性，本书设计了一种新的网络架构以加强对关联特征关系信息的挖掘，并在此基础上提出了一种颜色通道控制非局部注意力网络以解决对颜色特征过度依赖的问题。针对现有算法通用性不强的问题，本书提出了同时适用于常规场景与遮挡场景的行人重识别方法。最后，本书还研究了如何利用先验监督信号对基于注意力学习的模型进行监督学习的网络框架。具体而言，本书的主要研究内容与贡献如下。

（1）针对局部特征间关联性未得到足够重视的问题，本书提出了基于局部-全局关系特征的行人重识别方法。在行人重识别任务中，人体局部特征之间的关联性同样可被用于目标身份识别。与直接利用部分级特征进行分类的方法不同，本书所提的深度学习模型致力于推理不同语义分区特征间的关联性，这有助于减少稀疏特征带来的不确定性，并为属性检索提供更为准确的线索。基于该思路，本书提出了一种基于特征关系学习的局部-全局关联特征学习策略。具体而言，本书通过引入一种新的全局关联网络来联合挖掘不同语义区域及粒度特征之间的潜在关联，以获得更具判别力的图像特征。考虑到人体生理学特性所决定的各部位之间的内在联系，我们将平均池化后的部分级特征与全局特征进行融合，以手动构建不同粒度下的关联特征对。通过利用局部图像的上下文信息及"局部-全局"特征对，驱动模型对不同粒度特征间的关联信息展开推理，进一步挖掘与分类结果强相关的深层次关联信息，以弥补传统基于局部特征的行人重识别方法在特征表示构建方面的不足。此外，本书倾向于利用平均池化方法来覆盖不同粒度的图像区域，并在此基础上进行逻辑推理与关系特征提取，同时辅以局部最大池化信息作为细节补充。通过对基准网络进行轻量化改进，本书提出了一个基于关系特征推理的高效行人重识别框架。该框架通过对不同粒度特征进行融合，在一定程度上解决了由于人体姿态变化、遮挡、错误剪切所造成的关键点不对齐问题，提升了局部细粒度特征的有效性。

（2）针对深度行人重识别模型过度依赖颜色特征的问题，本书提出了基于颜色通道控制的非局部注意力网络，用于加强多分支网络框架下基于关系感知的对颜色鲁棒特征的学习。虽然颜色特征是计算机视觉任务中的关键特征之一，特别是在行人重识别任务中，偏低的图像分辨率使得颜色特征相较于其他类型的图像特征更易于被深度学习模型所感知，但对颜色特征的过度依赖实际上削弱了深度学习模型获取其他有判别力的非颜色特征的能力。为此，本书提出了一种新的基于通道控制的非局部注意力网络。该网络通过成对输入原始图像样本与经颜色通道调整后的图像样本，人为加入颜色扰动信息，以增强非局部注意力网络模型获取非颜色图像特征的能力，实现在监督方式下对颜色鲁棒特征的进一步挖掘。颜色通道控制的核心是通过随机调整或调换图像通道来生成新的样本，即通过随机选择 RGB 颜色通道进行亮度与对比度的调节，或进行颜色通道的随机调换，以部分地模拟行人在不同光照条件下的表现及摄像头之间的色差，从而实现对训练集的增扩。通过将常规图像特征与对颜色鲁棒特征进行融合，可有效地增强模型最终特征对颜色的鲁棒性，大幅提升行人重识别模型的泛化能力。

（3）针对遮挡与常规行人重识别方法通用性不强的问题，本书提出了一种基于人体姿态估计信息引导与区域特征融合的遮挡行人重识别方法。该方法利用人体姿态估计信息来引导局部特征在不同粒度上进行融合，以增强对遮挡物噪声的鲁棒性。遮挡场景是行人重识别任务中较难应对的一类场景。尽管一些方法采用对遮挡区域进行裁切或前景分割的方式来消除遮挡物噪声对最终图像特征的影响，但这增加了样本图像预处理过程的复杂度及整体运算成本。本书提出的应对行人被遮挡问题的新思路是,通过将人体姿态估计先验信息特征与原始图像特征在不同粒度上进行融合,引导深度学习模型更专注于深层次的人体结构信息挖掘,以减轻遮挡物噪声对最终图像特征的影响。该模型包含两个不同分支网络。在特征构建阶段,该模型利用局部图像与目标行人整体图像的关联,通过编码人体姿态估计信息引导的全局特征及基于原始图像样本的局部细节特征,来引导模型聚焦于非遮挡的人体区域。该方法还考虑了不同网络分支在共享图像区域内存在的显性响应关联,通过引入外部监督信号来完成独立分支先验标签的差异化构建,进一步基于人体可见区域的图像特征进行关系推理与特征学习。通过对遮挡物区域特征进行抑制,该模型能够同时适应遮挡与常规两类行人重识别场景,并取得了较为理想的识别精度。

(4)针对基于注意力学习的行人重识别模型难以学习到正确的高响应图像局部区域特征的问题,本书提出了一种使用人体姿态估计信息对基于注意力学习的行人重识别模型进行监督学习的网络框架。相较于传统卷积网络,基于注意力学习的网络在单层感受野上具有优势,能够弥补传统卷积网络在捕捉像素级长距离关联上的不足。然而,在行人重识别任务中,基于注意力学习的模型受到训练集特征分布的限制,且训练数据的不足也阻碍了其特征表达能力的进一步提升。为解决基于注意力学习的行人重识别模型缺乏结构化约束和训练难度大的问题,本书引入了人体姿态估计信息作为监督。该方法通过外部监督信息标注人体高响应图像区域,并采用教师-学生双网络监督模式,在统一的深度学习框架内实现了深层语义信息与注意力特征的协同学习与表达。此模型利用监督信息引导注意力聚类,使模型能依据现有语义特征分区推断出显著的图像特征规律,从而显著增强了基于注意力学习的行人重识别模型在稀疏特征样本下获取具有高判别性特征的能力。

表 1.1 展示了本书的主要研究内容与贡献。本书从基于深度学习的局部特征研究方法出发,深入研究了不同语义分区细粒度图像特征之间关联信息的有效性。通过引入辅助标签信息,本书针对行人遮挡场景与有监督注意力模型训练的行人重识别方法均设计了鲁棒的算法,并在多个基准数据集上达到了目前的先进水平。在研究的层次上,本书的研究内容也呈现明显的递进关系。如图 1.13 所示,第 3 章的全局-局部关系网络研究是本书研究内容的基础,第 4 章、第 5 章、第 6 章均在该章基础上进行扩展。第 4 章在关系特征学习的基础上引入了对颜色鲁棒特征的学习。第 5 章引入人体姿态估计信息,在局部-全局关系特征学习的基础上,通过先验信息特征与原始图像特征在不同粒度上的融合来解决针对遮挡场景的行人重识别问题。第 6 章为第 5 章的延续,提出了一种使用人体姿态估计信息对基于注意力学习的模型进行监督学习的双分支网络框架,进一步挖掘了人体姿态估计信息在行人重识别任务中的潜力。

表 1.1　本书的主要研究内容与贡献

章节	是否针对遮挡场景	任务	主要研究内容与贡献
第 3 章	否	常规行人重识别	提出了基于局部-全局关系特征学习的行人重识别方法
第 4 章	否	常规行人重识别	提出了基于颜色通道控制的非局部注意力网络
第 5 章	是	遮挡行人重识别	提出了一种基于人体姿态估计信息引导与区域特征融合的遮挡行人重识别方法
第 6 章	否	常规行人重识别	提出一种使用人体姿态估计信息对基于注意力学习的行人重识别模型进行监督学习的网络框架

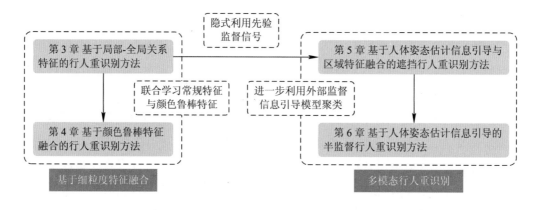

图 1.13　本书各章节之间的关系

1.4　本书的结构与内容安排

本书围绕复杂场景下基于细粒度特征融合的多模态行人重识别问题展开深入研究。本书的整体章节框架如图 1.14 所示，涵盖了各章节的主要研究目标及所采用的研究方法，具体内容如下。

第 1 章为绪论，主要介绍本书的研究背景及意义，并对行人重识别技术的应用前景及其在维护社会稳定、社会治安等领域的作用进行简要介绍；随后，对行人重识别通用模型框架、国内外研究现状、主要研究方法进行描述，并针对行人重识别任务当前所面临的主要挑战提炼出若干亟待解决的问题；最后，概括总结本书的主要研究内容及贡献。

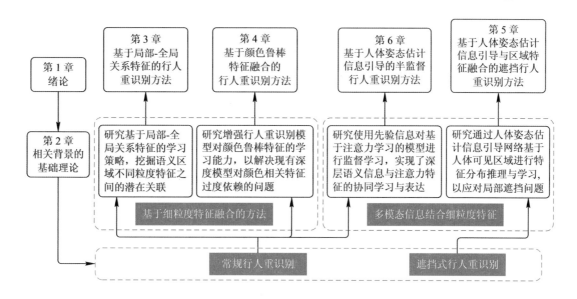

图 1.14 本书的整体章节框架图

第 2 章主要介绍基于深度学习的行人重识别研究所涉及的相关背景知识，包括后续章节所使用的基线网络 ResNet 与图像注意力学习的相关概念，以及卷积网络、池化层、损失函数等知识。在模型验证方面，本章介绍了本书所使用的主流基准数据集及行人重识别方法的关键性能指标。

第 3 章重点介绍基于局部-全局关系特征的行人重识别方法。首先，本章对现有基于局部特征的行人重识别方法进行总结；随后，提出一种基于局部-全局关系特征的全局关系网络（Global Correlation Network，GCN），该网络通过对不同语义分区特征间的隐藏关联进行推理，以挖掘与行人识别结果存在因果关联的关键关联信息，从而进一步挖掘细粒度特征在行人重识别任务中的潜力；最后，对 GCN 的有效性进行分析，并通过消融实验进行验证。

第 4 章主要介绍基于颜色鲁棒特征融合的行人重识别方法。首先，本章指出现有基于深度学习的行人重识别模型过度依赖颜色特征的问题。随后，本章提出基于颜色通道调整的非局部注意力双分支网络（CFFNet）框架，通过成对输入原始图像样本与经通道调整后的图像样本，人为加入颜色扰动信息，引导模型聚焦于对分类结果同样关键的轮廓、纹理等非颜色特征。此外，本章还提出一种非局部图像注意力学习方法，为卷积网络与图像注意力机制的结合提供了一种新的思路。最后，本章利用实验验证了该方法在获取强判别力的局部特征方面的有效性及提取颜色鲁棒特征的意义。

第 5 章重点介绍适应遮挡与常规行人重识别场景的姿态估计信息引导的局部特征融合模型。首先，本章总结现有针对遮挡场景与常规场景的行人重识别算法通用性不强的问题；随后，本章提出一种基于人体姿态估计信息引导与区域特征融合的网络，该网络通过融合人体姿态估计先验信息特征与原始图像特征在不同粒度上进行结合,引导深度学习模型专注于深层次人体结构信息的挖掘,以减轻遮挡物噪声对图像最终特征的影响;最后,本章针对模型的有效性进行了分析,并通过消融实验验证了该方法的有效性。这一研究为解决遮挡问题,设计同时适应遮挡与常规场景的通用行人重识别方法提供了一种新的思路。

第6章主要介绍一种使用人体姿态估计信息对基于注意力学习的行人重识别模型进行监督学习的网络框架。首先,本章介绍现有基于注意力学习的深度学习模型缺乏结构化约束、训练困难的问题;随后,本章提出解决思路,即提出一种融合人体姿态估计信息,对基于注意力学习的模型进行监督学习的双分支网络框架。该方法利用人体姿态估计信息特征对输入样本中的高响应图像局部区域进行标注,通过采用教师-学生双网络监督模式,实现了在统一深度学习框架下深层语义信息与注意力特征的协同学习与表达;最后,本章利用实验验证了该方法能够有效提升注意力分支学习特征的质量,并在多个基准数据集上取得了具有竞争力的性能。

参 考 文 献

[1]　ZHAO C R , LYU X B, ZHANG Z, et al. Deep fusion feature representation learning with hard mining center-triplet loss for person re-identification[J]. IEEE Transactions on Multimedia, 2020, 22(12): 3180 – 3195.

[2]　ZHOU Q Q, ZHONG B N, LAN X Y, et al. Fine-grained spatial alignment model for person re-identification with focal triplet loss[J]. IEEE Transactions on Image Processing, 2020, 29: 7578 – 7589.

[3]　SHORE J, JOHNSON R. Properties of cross-entropy minimization[J]. IEEE Transactions on Information Theory, 1981, 27(4): 472 – 482.

[4]　ZHENG L, SHEN L Y, TIAN L Y, et al. Scalable person re-identification: a benchmark [C]. Proceedings of the IEEE/CVF International Conference on Computer Vision, IEEE Computer Society, 2015: 1116 – 1124.

[5]　WEI L H, ZHANG S L, GAO W, et al. Person transfer gan to bridge domain gap for person re-identification [C]. Proceedings of the IEEE/CVF Conference on Computer Vision and Pattern Recognition, IEEE Computer Society, 2018: 79 – 88.

[6]　RUMELHART D E, HINTON G E, WILLIAMS R J. Learning representations by back propagating errors[J]. Nature, 1986, 323: 533 – 536.

[7]　VASWANI A, SHAZEER N, PARMAR N, et al. Attention is all you need[C].

Proceedings of the International Conference on Neural Information Processing System, 2017, 6000 - 6010.

[8] LECUN Y, BOTTOU L, BENGIO Y, et al. Gradient-based learning applied to document recognition[J]. Proceedings of the IEEE, 1998, 86(11): 2278 - 2324.

[9] KRIZHEVSKY A, SUTSKEVER I, HINTON G E. Imagenet classification with deep convolutional neural networks[J]. Communications of the ACM, 2017, 60(6): 84 - 90.

[10] PENG C, ZHANG X Y, YU G, et al. Large kernel matters-improve semantic segmentation by global convolutional network[C]. Proceedings of the IEEE/CVF Conference on Computer Vision and Pattern Recognition, IEEE Computer Society, 2017: 4353 - 4361.

[11] ZHENG Z D, ZHENG L, YANG Y. A discriminatively learned CNN embedding for person re-Identification[J]. ACM Transactions on Multimedia Computing Communications and Applications, 2018, 14(1): 13 - 33.

[12] QIAN X Y, FU Y W, JIANG Y G, et al. Multi-scale deep learning architectures for person re-identification[C]. Proceedings of the IEEE/CVF International Conference on Computer Vision, IEEE Computer Society, 2017: 5399 - 5408.

[13] KALAYEH M M, BASARAN E, GÖKMEN M, et al. Human semantic parsing for person re-identification[C]. Proceedings of the IEEE/CVF Conference on Computer Vision and Pattern Recognition, IEEE Computer Society, 2018: 1062 - 1071.

[14] ZHENG L, ZHANG H H, SUN S Y, et al. Person re-identification in the wild [C]. Proceedings of the IEEE/CVF Conference on Computer Vision and Pattern Recognition, IEEE Computer Society, 2017: 1367 - 1376.

[15] WANG F Q, ZUO W M, LIN L, et al. Joint learning of single-Image and cross-image representations for person re-identification[C]. Proceedings of the IEEE/CVF Conference on Computer Vision and Pattern Recognition, IEEE Computer Society, 2016: 1288 - 1296.

[16] SU C, ZHANG S L, XING J L, et al. Deep attributes driven multi-camera person re-identification[C]. Proceedings of the European Conference on Computer Vision, Springer, 2016: 475 - 491.

[17] TAY C P, ROY S, YAP K H. AANet: attribute attention network for person re-identifications[C]. Proceedings of the IEEE/CVF Conference on Computer Vision and Pattern Recognition, IEEE Computer Society, 2019: 7134 - 7143.

[18] ZHAO Y R, SHEN X, JIN Z M, et al. Attribute-driven feature disentangling and temporal aggregation for video person re-identification[C]. Proceedings of the IEEE/CVF Conference on Computer Vision and Pattern Recognition, IEEE Computer Society, 2019: 4913 – 4922.

[19] ZHANG L, LIU F Y, ZHANG D. Adversarial view confusion feature learning for person re-identification[J]. IEEE Transactions on Circuits and Systems for Video Technology, 2021, 31(4): 1490 – 1502.

[20] LIU F Y, ZHANG L. View confusion feature learning for person re-identification [C]. Proceedings of the IEEE/CVF International Conference on Computer Vision, IEEE Computer Society, 2019: 6639 – 6648.

[21] LIN Y T, ZHENG L, ZHENG Z D, et al. Improving person re-identification by attribute and identity learning[J]. Pattern Recognition, 2019, 95: 151 – 161.

[22] ZHANG S Z, YANG Y F, WANG P, et al. Attend to the difference: cross-modality person re-identification via contrastive correlation[J]. IEEE Transactions on Image Processing, 2021, 30: 8861 – 8872.

[23] DENG W J, ZHENG L, YE Q X, et al. Image-image domain adaptation with preserved self-similarity and domain-dissimilarity for person re-identification[C]. Proceedings of the IEEE/CVE Conference on Computer Vision and Pattern Recognition, IEEE Computer Society, 2018: 994 – 1003.

[24] ZHAI Y, GUO X, LU Y, et al. In defense of the classification loss for person re-identification[C]. Proceedings of the IEEE/CVF Conference on Computer Vision and Pattern Recognition Workshops, IEEE Computer Society, 2019: 1 – 10 .

[25] YUAN Y, CHEN W Y, YANG Y, et al. In defense of the triplet loss again: learning robust person re-identification with fast approximated triplet loss and label distillation[C]. Proceedings of the IEEE/CVF Conference on Computer Vision and Pattern Recognition Workshops. 2020: 354 – 355.

[26] DENG W J, ZHENG L, SUN Y F, et al. Rethinking triplet loss for domain adaptation[J]. IEEE Transactions on Circuits and Systems for Video Technology, 2021, 31(1): 29 – 37.

[27] PROENCA H, YAGHOUBI E, ALIREZAZADEH P. A quadruplet loss for enforcing semantically coherent embeddings in multi-output classification problems[J]. IEEE Transactions on Information Forensics and Security, 2021, 16: 800 – 811.

[28] CHEN W H, CHEN X T, ZHANG J G, et al. Beyond triplet loss: a deep

quadruplet network for person re-identification[C]. Proceedings of the IEEE/CVF Conference on Computer Vision and Pattern Recognition，IEEE Computer Society，2017：403－412.

[29] QU F M, LIU J H, LIU X Y, et al. A multi-fault detection method with improved triplet loss based on hard sample mining[J]. IEEE Transactions on Sustainable Energy，2021，12(1)：127－137.

[30] ZENG K W, NING M N, WANG Y H, et al. Hierarchical clustering with hard-batch triplet loss for person re-identification[C]. Proceedings of the IEEE/CVF Conference on Computer Vision and Pattern Recognition，IEEE Computer Society，2020：13657－13665.

[31] AHMED E, JONES M, MARKS T K. An improved deep learning architecture for person re-identification[C]. Proceedings of the IEEE/CVE Conference on Computer Vision and Pattern Recognition，IEEE Computer Society，2015：3908－3916.

[32] ZHONG Z, ZHENG L, CAO D L, et al. Re-ranking person re-identification with k-reciprocal encoding[C]. Proceedings of the IEEE/CVF Conference on Computer Vision and Pattern Recognition，IEEE Computer Society，2017：1318－1327.

[33] YE M, LAN X Y, YUEN P C. Robust anchor embedding for unsupervised video person re-identification in the wild[C]. Proceedings of the European Conference on Computer Vision，Springer，2018：170－186.

[34] SUN Y F, ZHENG L, YANG Y, et al. Beyond part models：person retrieval with refined part pooling（and a strong convolutional baseline）[C]. Proceedings of the European Conference on Computer Vision，Springer，2018：480－496.

[35] CHENG D, GONG Y H, ZHOU S P, et al. Person re-identification by multi-channel parts-based CNN with improved triplet loss function[C]. Proceedings of the IEEE/CVF Conference on Computer Vision and Pattern Recognition，IEEE Computer Society，2016，1335－1344.

[36] LI D, CHEN X T, ZHANG Z, et al. Learning deep context-aware features over body and latent parts for person re-identification[C]. Proceedings of the IEEE/CVF Conference on Computer Vision and Pattern Recognition，IEEE Computer Society，2017：384－393.

[37] SU C, LI J N, ZHANG S L, et al. Pose-driven deep convolutional model for person re-identification[C]. Proceedings of the IEEE/CVF International Conference on Computer Vision，IEEE Computer Society，2017：3960－3969.

[38] LIU J X, NI B B, YAN Y C, et al. Pose transferrable person re-identification[C]. Proceedings of the IEEE/CVF Conference on Computer Vision and Pattern Recognition, IEEE Computer Society, 2018: 4099 – 4108.

[39] WANG P Y, ZHAO Z C, SU F, et al. Horeid: deep high – order mapping enhances pose alignment for person re-identification [J]. IEEE Transactions on Image Processing, 2021, 30: 2908 – 2922.

[40] ZHENG L, HUANG Y J, LU H C, et al. Pose-invariant embedding for deep person re-identification[J]. IEEE Transactions on Image Processing, 2019, 28(9): 4500 – 4509.

[41] GÜLER R A, NEVEROVA N, KOKKINOS I. Densepose: dense human pose estimation in the wild[C]. Proceedings of the IEEE/CVF Conference on Computer Vision and Pattern Recognition, IEEE Computer Society, 2018: 7297 – 7306.

[42] CAO Z, HIDALGO G, SIMON T, et al. Openpose: realtime multi-person 2D pose estimation using part affinity fields[J]. IEEE Transactions on Pattern Analysis and Machine Intelligence, 2021, 43(1): 172 – 186.

[43] ZHAO H Y, TIAN M Q, SUN S Y, et al. Spindle net: person re-identification with human body region guided feature decomposition and fusion[C]. Proceedings of the IEEE/CVF Conference on Computer Vision and Pattern Recognition, IEEE Computer Society, 2017: 1077 – 1085.

[44] WEI L H, ZHANG S L, YAO H T, et al. Glad: global-local-alignment descriptor for scalable person re-identification[J]. IEEE Transactions on Multimedia, 2019, 21(4): 986 – 999.

[45] ZHAO L M, LI X, ZHUANG Y T, et al. Deeply-learned part-aligned representations for person re-identification[C]. Proceedings of the IEEE/CVF International Conference on Computer Vision, IEEE Computer Society, 2017: 3219 – 3228.

[46] SUH Y M, WANG J D, TANG S Y, et al. Part-aligned bilinear representations for person re-identification[C]. Proceedings of the European Conference on Computer Vision, Springer, 2018: 402 – 419.

[47] ZHANG Z Z, LAN C L, ZENG W J, et al. Densely semantically aligned person re-identification[C]. Proceedings of the IEEE/CVF Conference on Computer Vision and Pattern Recognition, IEEE Computer Society, 2019: 667 – 676.

[48] LIU J W, ZHA Z J, WU W, et al. Spatial-temporal correlation and topology learning for person re-identification in videos[C]. Proceedings of the IEEE/CVF

Conference on Computer Vision and Pattern Recognition，IEEE Computer Society，2021：4370 – 4379.

[49]　TIAN M Q，YI S，LI H S，et al. Eliminating background-bias for robust person re-identification[C]. Proceedings of the IEEE/CVF Conference on Computer Vision and Pattern Recognition，IEEE Computer Society，2018：5794 – 5803.

[50]　GUO J Y，YUAN Y H，HUANG L，et al. Beyond human parts：dual part-aligned representations for person re-identification[C]. Proceedings of the IEEE/CVF International Conference on Computer Vision，IEEE Computer Society，2019：3642 – 3651.

[51]　HUANG Y，SHENG H，ZHENG Y W，et al. Deepdiff：learning deep difference features on human body parts for person re-identification[J]. Neurocomputing，2017，241：191 – 203.

[52]　ZHONG Z，ZHENG L，LUO Z M，et al. Invariance matters：exemplar memory for domain adaptive person re-identification[C]. Proceedings of the IEEE/CVF Conference on Computer Vision and Pattern Recognition，IEEE Computer Society，2019：598 – 607.

[53]　CHEN L C，ZHU Y，PAPANDREOU G，et al. Encoder-decoder with atrous separable convolution for semantic image segmentation[C]. Proceedings of the European Conference on Computer Vision，Springer，2018：801 – 818.

[54]　SONG C F，HUANG Y，OUYANG W L，et al. Mask-guided contrastive attention model for person re-identification[C]. Proceedings of the IEEE/CVF Conference on Computer Vision and Pattern Recognition，IEEE Computer Society，2018：1179 – 1188.

[55]　SUN X X，ZHENG L. Dissecting person re-identification from the viewpoint of viewpoint[C]. Proceedings of the IEEE/CVF Conference on Computer Vision and Pattern Recognition，IEEE Computer Society，2019：608 – 617.

[56]　SONG J F，YANG Y X，SONG Y Z，et al. Generalizable person re-identification by domain-invariant mapping network [C]. Proceedings of the IEEE/CVF Conference on Computer Vision and Pattern Recognition，IEEE Computer Society，2019：719 – 728.

[57]　ZHENG F，DENG C，SUN X，et al. Pyramidal person re-identification via multi-loss dynamic training[C]. Proceedings of the IEEE/CVF Conference on Computer Vision and Pattern Recognition，IEEE Computer Society，2019：8514 – 8522.

[58]　VARIOR R R，BING S，LU J W，et al. A siamese long short-term memory architecture for human re-identification［C］. Proceedings of the European Conference on Computer Vision，Springer，2016，135 – 153.

[59]　LI W，ZHAO R，XIAO T，et al. Deepreid：deep filter pairing neural network for person re-identification[C]. Proceedings of the IEEE/CVF Conference on Computer Vision and Pattern Recognition，IEEE Computer Society，2014：152 – 159.

[60]　HE L X，LIANG J，LI H Q，et al. Deep spatial feature reconstruction for partial person re-identification：alignment-free approach［C］. Proceedings of the IEEE/CVF Conference on Computer Vision and Pattern Recognition，IEEE Computer Society，2018：7073 – 7082.

[61]　ZHANG A G，GAO Y M，NIU Y Z，et al. Coarse-to-fine person re-identification with auxiliary-domain classification and second-order information bottleneck［C］. Proceedings of the IEEE/CVF Conference on Computer Vision and Pattern Recognition，IEEE Computer Society，2021：598 – 607.

[62]　FU Y，WEI Y C，ZHOU Y Q，et al. Horizontal pyramid matching for person re-identification[C]. Proceedings of the AAAI Conference on Artificial Intelligence，AAAI Press，2019，33(01)：8295 – 8302.

[63]　ZHU F，FANG C，MA K K. PNEN：Pyramid non-local enhanced networks[J]. IEEE Transactions on Image Processing，2020，29：8831 – 8841.

[64]　YANG X，LIU L C，WANG N N，et al. A two-stream dynamic pyramid representation model for video-based person re-identification［J］. IEEE Transactions on Image Processing，2021，30：6266 – 6276.

[65]　SUBRAMANIAM A，NAMBIAR A，MITTAL A. Co-segmentation inspired attention networks for video-based person re-identification[C]. Proceedings of the IEEE/CVF International Conference on Computer Vision，IEEE Computer Society，2019：562 – 572.

[66]　SHEN C，QI G J，JIANG R X，et al. Sharp attention network via adaptive sampling for person re-identification［J］. IEEE Transactions on Circuits and Systems for Video Technology，2019，29(10)：3016 – 3027.

[67]　CHEN G Y，LU J W，YANG M，et al. Spatial-temporal attention-aware learning for video-based person re-identification［J］. IEEE Transactions on Image Processing，2019，29(9)：4192 – 4205.

[68]　HAN C C，ZHENG R C，GAO C X，et al. Complementation-reinforced attention

network for person re-identification［J］. IEEE Transactions on Circuits and Systems for Video Technology，2020，30(10)：3433－3445.

［69］ LI W，ZHU X T，GONG S G. Harmonious attention network for person re-identification［C］. Proceedings of the IEEE/CVF Conference on Computer Vision and Pattern Recognition，IEEE Computer Society，2018：2285－2294.

［70］ WANG C，ZHANG Q，HUANG C，et al. Mancs：a multi-task attentional network with curriculum sampling for person re-identification［C］. Proceedings of the European Conference on Computer Vision，Springer，2018：365－381.

［71］ SHEN Y T，XIAO T，LI H S，et al. End-to-end deep kronecker-product matching for person re-identification［C］. Proceedings of the IEEE/CVF Conference on Computer Vision and Pattern Recognition，IEEE Computer Society，2018：6886－6895.

［72］ CHEN G Y，LIN C Z，REN L L，et al. Self-critical attention learning for person re-identification［C］. Proceedings of the IEEE/CVF International Conference on Computer Vision，IEEE Computer Society，2019：9637－9646.

［73］ WANG Y C，CHEN Z Z，WU F，et al. Person re-identification with cascaded pairwise convolutions［C］. Proceedings of the IEEE/CVF Conference on Computer Vision and Pattern Recognition，IEEE Computer Society，2018：1470－1478.

［74］ WANG X P，LIU M，RAYCHAUDHURI D S，et al. Learning person re-identification models from videos with weak supervision［J］. IEEE Transactions on Image Processing，2021，30：3017－3028.

［75］ LIAN S C，JIANG W T，HU H F. Attention-aligned network for person re-identification［J］. IEEE Transactions on Circuits and Systems for Video Technology，2021，31(8)：3140－3153.

［76］ HUANG Y，LIAN S C，HU H F，et al. Multiscale omnibearing attention networks for person re-identification［J］. IEEE Transactions on Circuits and Systems for Video Technology，2021，31(5)：1790－1803.

［77］ NING X，GONG K，LI W J，et al. Feature refinement and filter network for person re-identification［J］. IEEE Transactions on Circuits and Systems for Video Technology，2021，31(9)：3391－3402.

［78］ ZHANG J F，NIU L，ZHANG L Q. Person re-identification with reinforced attribute attention selection［J］. IEEE Transactions on Image Processing，2021，30：603－616.

［79］ ZHANG Z，ZHANG H J，LIU S. Person re-identification using heterogeneous local graph attention networks[C]. Proceedings of the IEEE/CVF Conference on Computer Vision and Pattern Recognition, IEEE Computer Society, 2021: 12136 – 12145.

[80] CHEN G Y, GU T P, LU J W, et al. Person re-identification via attention pyramid [J]. IEEE Transactions on Image Processing, 2021, 30: 7663 – 7676.

[81] SI J L, ZHUANG H G, LI C G, et al. Dual attention matching network for context-aware feature sequence based person re-identification[C]. Proceedings of the IEEE/CVF Conference on Computer Vision and Pattern Recognition, IEEE Computer Society, 2018: 5363 – 5372.

[82] ZHENG M, KARANAM S, WU Z Y, et al. Re-identification with consistent attentive siamese networks[C]. Proceedings of the IEEE/CVF Conference on Computer Vision and Pattern Recognition, IEEE Computer Society, 2019: 5735 – 5744.

[83] ZHOU S P, WANG F, HUANG Z Y, et al. Discriminative feature learning with consistent attention regularization for person re-identification[C]. Proceedings of the IEEE/CVF International Conference on Computer Vision, IEEE Computer Society, 2019: 8040 – 8049.

[84] CHEN D P, XU D, LI H S, et al. Group consistent similarity learning via deep crf for person re-identification [C]. Proceedings of the IEEE/CVF Conference on Computer Vision and Pattern Recognition, IEEE Computer Society, 2018: 8649 – 8658.

[85] LUO C C, CHEN Y T, WANG N Y, et al. Spectral feature transformation for person re-identification [C]. Proceedings of the IEEE/CVF International Conference on Computer Vision, IEEE Computer Society, 2019: 4976 – 4985.

[86] SUN Y F, XU Q, LI Y L, et al. Perceive where to focus: learning visibility – aware part-level features for partial person re-identification[C]. Proceedings of the IEEE/CVF Conference on Computer Vision and Pattern Recognition, IEEE Computer Society, 2019: 393 – 402.

[87] HE L X, WANG Y G, LIU W, et al. Foreground-aware pyramid reconstruction for alignment-free occluded person re-identification[C]. Proceedings of the IEEE/CVF International Conference on Computer Vision, IEEE Computer Society, 2019: 8450 – 8459.

[88] LI Y L, HE J F, ZHANG T Z, et al. Diverse part discovery: occluded person re-identification with part-aware transformer [C]. Proceedings of the IEEE/CVF Conference on Computer Vision and Pattern Recognition, IEEE Computer Society, 2021: 2898 – 2907.

［89］ SARA I, KRYSTIAN M. Partial person re-identification with alignment and hallucination［C］. Proceedings of the Asian Conference on Computer Vision, Springer, 2019: 101 – 116.

［90］ GAO S, WANG J Y, LU H C, et al. Pose-guided visible part matching for occluded person reid［C］. Proceedings of the IEEE/CVF Conference on Computer Vision and Pattern Recognition, IEEE Computer Society, 2020: 11744 – 11752.

［91］ MIAO J X, WU Y, LIU P, et al. Pose-guided feature alignment for occluded person re-identification ［ C ］. Proceedings of the IEEE/CVF International Conference on Computer Vision, IEEE Computer Society, 2019: 542 – 551.

［92］ ZHOU J X, CHEN Z Y, LAI J H, et al. Occluded person re-identification［C］. Proceedings of the International Conference on Multimedia and Expo, IEEE Computer Society, 2018: 1 – 6.

［93］ FAN X, LUO H, ZHANG X, et al. Scpnet: spatial-channel parallelism network for joint holistic and partial person re-identification［C］. Proceedings of the Asian Conference on Computer Vision, Springer, 2019: 19 – 34.

第 2 章　相关背景的基础理论

为帮助读者更好地理解本书的研究内容，本章将介绍行人重识别领域的相关背景知识，包括深度学习的基础知识、行人重识别任务中常用的基础网络、行人重识别领域的主流数据集及关键评价指标。

2.1　深度学习基础

2.1.1　深度学习概述

深度学习是 21 世纪前 20 年人工智能领域得以快速发展的关键推动力，也是当前工业界与学术界完成计算机视觉、数据挖掘、语音识别、自然语言处理等任务时的首选技术。得益于 GPU 算力的持续提升及基础网络架构的不断进步，深度学习技术在过去的十年间获得了极高的关注度。在可预见的未来，深度学习将进一步推动人类社会向智能化方向发展。

区别于传统机器学习算法使用手工设计的特征对模型进行训练，深度学习建立在统计学理论基础之上，通过学习输入样本数据的内在规律与分布特性来对训练阶段未出现过的样本进行预测。在文字处理、语音识别、视觉识别等任务中，深度学习系统已具备与人类大脑相近的数据处理与分析能力。在过去的十年间，深度学习已证明其在计算机视觉、自然语言处理等领域能够处理过去人类认为难以被计算机攻克的复杂模式识别问题。卷积神经网络及其改进型深层模型[1, 2]的出现使得计算机在多个场合下完全替代人类处理某些任务成为可能。

深度学习技术在计算机视觉领域的蓬勃发展，既得益于 GPU 算力的大幅提升，也归功于超大规模的图像基准数据集的出现。例如，ImageNet[3]包含了超过 1400 万份经人工标注的图像样本，这些丰富的数据资源有力地推动了深度神经网络技术的发展。基于该数据集，每年举办的 ImageNet 大规模视觉识别挑战赛（ILSVRC）都会涌现出许多新的具有竞争力的模型，进一步促进了深度学习在计算机视觉领域的应用和发展。

　　深度学习技术背后的数学原理可回溯至 Hornik 等人的万能近似定理（Universal Approximation Theorem）。该定理表明，深度学习模型可通过其多层网络架构来拟合任意复杂函数。然而，这种强大的拟合能力同时也带来了新的问题，即神经网络的"黑箱化"。"黑箱"是指深度学习模型训练的中间过程不可知，其学习结果不可控。对于设计者而言，一方面难以了解网络的具体工作流程，另一方面难以解释模型在解决问题时何时能取得良好效果。

　　在传统的机器学习中，算法的结构有明确的代码逻辑支撑，其结构可分析并抽象为相应的代数表达式，如决策树模型具有非常高的可解释性。而对于深度学习而言，其工作原理是通过多层神经网络将输入样本信息在每一层实现数学拟合，通过多层函数的嵌套和叠加，使其输出无限逼近期望值。因此，深度学习模型很难获得直观的数学解释。图 2.1 为神经网络内部组成及基本概念示意。所以，即使所设计的深度学习模型能够很好地完成任务，但在现有人类已掌握的知识范畴中，深度学习模型的具体工作机制仍被视为一个"黑箱"，深度学习的可解释性在未来仍将是学术界的研究热点。

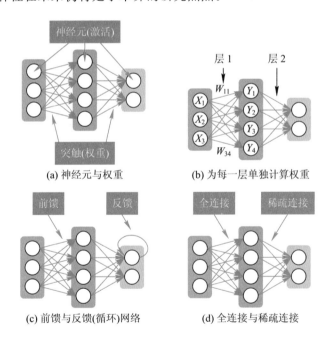

图 2.1　神经网络内部组成及基本概念示意图

　　虽然当前深度学习在数学上的可解释性仍有待突破，但其工作机理在一定程度上已被部分解释。以基于图像特征学习的深度学习算法为例，神经网络接收原始的 RGB 图像作为输入，其中每个神经元的输入对应图像单一通道的像素点值。在训练过程中，每一层网络都会学习到图像的部分特征，随着网络层数的增加，所学习的特征逐渐变得更加抽象。这种抽象概念的拟合过程，实际上就是图像特征学习的过程。图 2.2 展示了基于图像特征学习的基本流程。例如，初始网络层可能学习到颜色、线条等基础特征，更深的网络层能够拟合更为复杂的图像纹理特征，最后的输出层特征可对输入图像的内容进行判断。信息在深度网络中传递时，具体的像素值被组织成更为抽象的概念。网络在学习的过程中，也在不断对输入数据的特征分布进行拟合，直至完成模型训练。

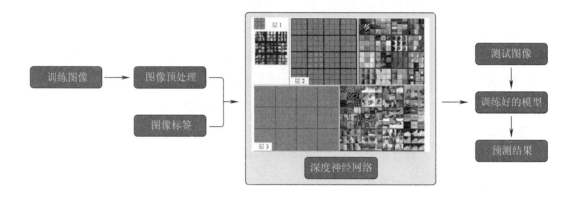

图 2.2　基于图像特征学习的基本流程

2.1.2　卷积神经网络概述

卷积神经网络(CNN)作为近十年来最具影响力的深度学习模型之一，已被广泛应用于各个研究领域，许多现有的 AI 研究及应用均在其基础上开展。卷积神经网络在计算机视觉领域的应用尤为广泛，目前大量基础图像处理任务（如图像分割、分类、目标跟踪等）和许多先进算法均建立在 CNN 强大的图像特征提取与拟合能力之上。区别于全连接网络无差异性地向后传递信息，卷积神经网络对图像细节（包括线条、纹理、颜色等图像主要构成元素）的感知能力大大提升。卷积神经网络对学习到的图像特征会表现出积极的响应，并将该信息逐层向后传递，直至拟合出高级的语义信息。相比于早期神经网络，卷积神经网络的参数共享(Parameters Sharing)机制及稀疏连接(Sparsity of Connections)特性使得整体网络的参数大幅减少。而卷积层中的卷积核参数共享机制赋予了卷积神经网络在处理图像信息时的一个重要特征——平移不变性，这对于计算机视觉任务而言意义重大。

卷积神经网络是指带有卷积结构的神经网络。在人类大脑的视觉皮层中，神经元只对特定视野区域积极响应，一些独立的神经元只在特定的纹理出现时才会被激活，进入兴奋状态。该理论同样被引入深度学习中，以构建对特定输入信息积极响应的结构。在全连接网络中，网络对线条与纹理信息并不敏感。RGB 图像在输入时表现为长、宽、通道方向上的三维数据结构，但在全连接网络中被降维至一维数据，这对于图像处理任务而言并不理想。在图像中，每个像素点均与其周边相邻的像素点保持更为紧密的关联，而与空间上距其较远的像素点关联较弱，相邻的像素点一起组成了特定的图像纹理表示。因此，传统全连接网络在处理视觉类任务时，难以学习到有效的图像特征。

卷积层的出现为网络提供了包含空间信息的卷积核局部感受野操作，通过小窗口在图像相邻像素点上滑动，可有效汇聚不同感受野内的图像特征。卷积层的第二个特点是卷积核参数共享机制，它通过图像整体视野范围内共享参数，赋予网络对图像特征的平移不变特性。同时，池化层的引入有效减少了网络整体参数量，一定程度上缓解了深度学习模型的过拟合问题。图 2.3 展示了卷积神经网络通过卷积层进行图像特征提取的过程。通过设计不同数量与尺寸的卷积核，卷积神经网络可适配不同尺度的图像输入。随着深度学习技术的发展，基于卷积的神经网络深度及参数量不断增加，各项 AI 赛事的纪录也被不断刷新，完成某些任务的能力甚至超过了人类的水平。除计算机视觉任务之外，卷积神经网络同时也被广泛应用于自然语言处理、语音识别等多个领域。

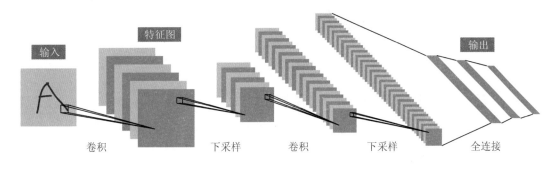

图 2.3 卷积神经网络通过卷积层进行图像特征提取的过程

基本的卷积神经网络由卷积层、池化层和非线性激活函数组成。其中，卷积层与池化层用于特征提取，非线性激活函数通常位于卷积层之后，用于帮助神经元适应复杂的非线性问题。在图像处理任务中，卷积层与非线性激活函数的组合较为常见。而在其他任务中，尤其是在部分一维信号处理模型中，由于卷积操作本身具有线性可分性，因此非线性激活函数并非必需。接下来我们将分别对卷积层和池化层进行介绍。

1. 卷积层

在深度学习中，卷积运算的目的是从输入信息中提取出有效的特征。对于图像处理而言，卷积运算需要处理的基础图像特征包括线条、纹理、颜色等，而高层级特征则是基于这些图像特征进行逻辑推理得出的。针对不同的图像特征，均可通过单层或多层卷积层进行拟合。换言之，通过设计多个类型与尺寸的卷积核，可适应不同的图像信息输入。根据处理数据类型的不同，卷积层可包含多路并行通道，并通过不同卷积核的设计来捕获不同的图像特征。

在卷积运算中，卷积的本质是对输入信号按元素相乘并累加，从而得到卷积结果。

图 2.4 展示了基于单通道的卷积运算过程。此处应用了尺寸为 3×3 的卷积核，步长为 1。卷积核在输入的数据矩阵上进行滑动，并最终输出 3×3 的卷积结果。

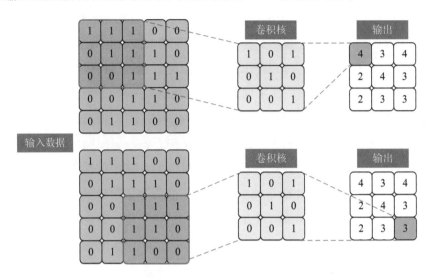

图 2.4 基于单通道的卷积运算过程示意

对于图像数据，由于它们通常是多通道的，比如典型的 RGB 图像，因此衍生出了多通道卷积操作。常见的多通道卷积处理方式是将 RGB 三个通道上所生成的卷积值进行相加，以形成单个输出通道。该过程可视为一个三维卷积核在输入层数据上滑动，其输出是二维的卷积结果。与此对应的三维卷积操作可处理三维数据输入，其中卷积核在三个维度上滑动，类似于一维卷积操作，每次滑动均执行一次卷积运算并得到一个数值，其最终输出结果是三维的。

在现有方法中，常用的卷积核大多设计为矩形，如尺寸为 3×3 或 5×5 的卷积核。另一种较为特殊的卷积核为 1×1 卷积核[2]，它已在多个方法中得以广泛应用。1×1 卷积核的优点包括可降维以实现高效计算、高效地进行低维嵌入或特征卷积，以及在卷积后再次应用非线性激活函数来增强模型的表达能力。除以上卷积方式以外，其他不常见的卷积方式还包括转置卷积[4]、空洞卷积[5]、可分离卷积[6]、扁平卷积[7]、分组卷积[8]等。

2. 池化层

池化层是卷积神经网络中的常见组件。池化的本质是对输入信息进行采样，并通过降维来减少信息的冗余，以提升运算速度。如图 2.5 所示，图像特征提取过程中常用的两种池化方式是全局最大池化[2]（Global Max Pooling，GMP）与全局平均池化[9]（Global Average Pooling，GAP）。全局最大池化的输出是视野范围内的最大值，全局平均池化的输出则是视野范围内所有值的平均值。池化操作的特点在于，它在采样的同时可进行特征降维，有效减少后续层需要处理的参数数量。此外，池化操作有助于模型保持平移不变性（Translational Invariance），这意味着当像素在其邻域内发生微小位移时，池化层的输出是保持不变的。这种特性显著增强了网络的鲁棒性，使其具备一定的抗扰动能力。同时，池化操作对平移、旋转、尺度缩放等变换也具有一定的不变性，这进一步提高了模型对图像变化的适应能力。

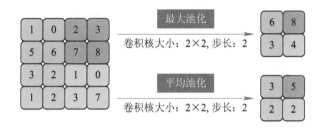

图 2.5　全局最大池化和全局平均池化示例

除上述所提到的两种基本池化操作之外，广义平均池化[10]（Generalized Mean Pooling，GeM）也是在行人重识别任务中经常被用到的一种池化方式。GeM 的效果是通过对 GMP 与 GAP 的结果进行加权平均来实现的，其输出介于两者之间。GeM 是一种参数自学习的池化方式，其公式如下：

$$f^g=\left[f^g_1\cdots f^g_k\cdots f^g_K\right]^{\mathrm{T}},\ f=\left(\frac{1}{|X_k|}\sum_{x\in X_k}x^{P^k}\right)^{\frac{1}{P^k}} \tag{2.1}$$

其中，f^g_k 表示单个节点的值，X_k 与 f 分别为池化操作的输入与输出。

当参数 P^k 趋近于无穷大时，GeM 等同于 GMP；而当 P^k 等于 1 时，GeM 等同于 GAP。在训练过程中，GeM 需要不断调整以确定 P^k 的最佳值。由于结合了 GMP 与 GAP 的特点，GeM 通常表现出比单独使用 GMP 或 GAP 更优的性能。

2.2　行人重识别基准网络

基于深度学习的行人重识别方法大多基于卷积神经网络、注意力机制或两者相结合的方式进行设计。随着行人重识别技术的发展，目前学术界已逐渐形成了一套统一的数据处理基准流程框架。该框架包括常用的数据增强方式、基准网络结构、损失函数、训练策略等。目前，大部分行人重识别方法都基于这个框架进行设计和横向比较。图 2.6 展示了基于深度学习的行人重识别基准模型。在这个模型中，三元组损失[11]或其改进型难样本挖掘三元组损失（TriHard Loss）[12]被广泛应用于行人重识别网络，它们可显著提升特征提取的质量，因此成了各种行人重识别方法中常用的损失函数。

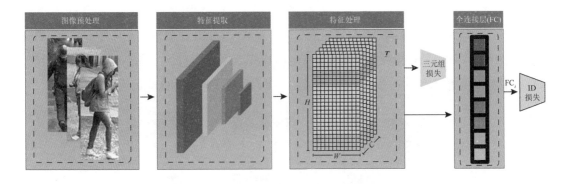

图 2.6   基于深度学习的行人重识别基准模型

2.2.1   骨干网络

目前，大量行人重识别方法均基于骨干网络进行改进，使用相同的骨干网络也有助于不同方法之间的横向比较。近年来，随着深度学习技术的不断发展，出现了许多优秀的卷积神经网络模型。在行人重识别领域，常用的骨干网络包括残差网络（ResNet）[1]、密集网络（DenseNet）[13]、Transformer[14] 等。接下来，我们将对这三种经典的网络模型进行介绍。

1. ResNet

残差网络（ResNet）[1] 是 21 世纪深度学习领域的重要里程碑之一。截至目前，文献[1]的引用次数已超过 20 万次。ResNet 的最大贡献是在一定程度上解决了深层网络的退化问题。在 ResNet 出现之前，神经网络常常面临梯度消失与梯度爆炸的问题，导致网络的性能随着网络深度的增加反而下降。尽管已有的方法（如批归一化（Batch Normalization，BN））对于改善训练过程有所帮助，但并未能很好地解决网络退化问题。因此，设计与训练深层网络一直是学术界与工业界面临的难题。

针对网络退化问题，He 等人[1] 提出使用残差学习来解决。如图 2.7 所示，残差网络通过引入短连接（Shortcut Connections），使非线性层的输出为 $f(x)$，并直接将输入 x 与该输出相加，从而使整个映射变为

$$y = f(x) + x \tag{2.2}$$

这种残差学习的方式使得网络在训练过程中能够更容易地学习到恒等映射，从而避免了网络性能的退化

ResNet 的网络结构参考了 VGG-19[15] 网络，并在其基础上进行了改进，主要是加入了残差单元模块。ResNet 的主要创新之一是直接使用步长为 2 的卷积进行下采样，并用 GAP 层替代了传统的全连接层。当 ResNet 的特征图尺寸减小一半时，特征图的数量增加一倍，这样的设计使得 ResNet 能够在保持网络层复杂度的同时，提升网络的性能。常用的

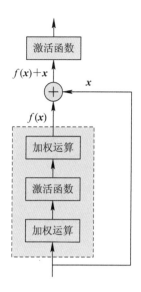

图 2.7　残差网络示意图

ResNet 变体包括 ResNet18、ResNet34、ResNet50 和 ResNet101。这些不同层数的残差网络均遵循了相似的设计原则，即通过残差单元模块来构建网络。其中 ResNet50 作为骨干网络在行人重识别任务中使用得最为频繁，其结构如图 2.8 所示。

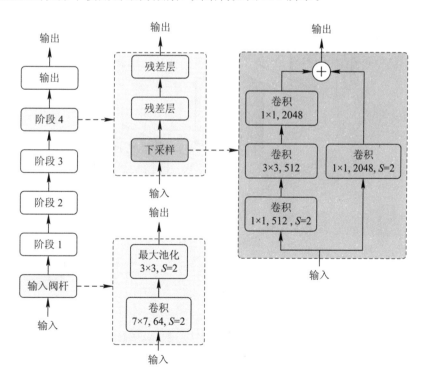

图 2.8　ResNet50 的结构

2. DenseNet

受残差网络（ResNet）的启发，DenseNet[13] 采用了与 ResNet 相似的设计思路。DenseNet 建立了前面所有层与后面层之间的密集连接（Dense Connection），实现了特征的高效传递和重用，这也是 DenseNet 名称的由来。DenseNet 的另一个特点是通过在通道（Channel）上连接特征来实现特征重用（Feature Reuse）。这些特点使得 DenseNet 在参数更少和计算成本更低的情形下能够实现比 ResNet 更优的性能。

如图 2.9 所示，DenseNet 通过一种更为激进的密集连接机制来互连所有层。具体而言，DenseNet 的每一层都会接收来自前面所有层的特征作为其额外的输入，并将自身的输出传递给后面层。这种设计使得 DenseNet 具有更少的网络参数和更高的计算效率。DenseNet 通过并联特征短路连接来实现特征复用，并且采用了较小的生长率（Growth Rate），使得每层所独有的特征图相对较小。

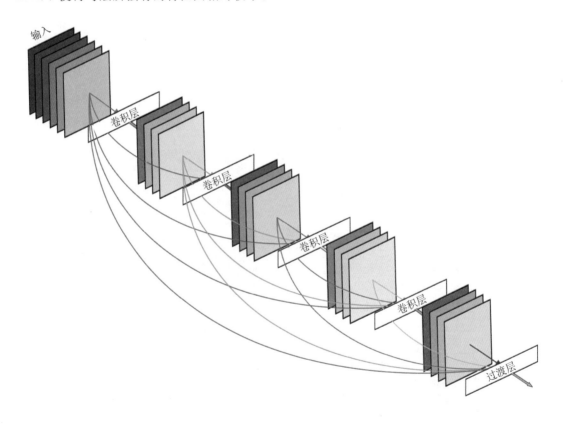

图 2.9 DenseNet 的结构

由于 DenseNet 采用了密集连接的方式，梯度在反向传播时能够有效地流经整个网络，从而提升了梯度的反向传播效率，使得网络训练更容易。此外，由于 DenseNet 中的每一层都可以直接连接到最后一层，因此实现了隐性的"深度监督"（Deep Supervision）。且由于特征复用，DenseNet 最后的分类特征不仅包含了来自高层网络的抽象特征，还融合了来自低层网络的细节特征。这种混合特征使得 DenseNet 在多种任务中都能表现出色，成为一种高效的骨干网络。

3. Transformer

Transformer[14]同样是当前学术界的热门模型。近年来，在行人重识别领域出现的许多深度学习网络都是在 Transformer 基础上设计的。虽然 Transformer 最初是为解决自然语言处理问题提出的，但其在计算机视觉领域同样表现出优异的性能，许多注意力学习的相关概念被引入行人重识别任务中。事实上，自 Transformer 出现以来，学术界一直存在一种观点，认为 Transformer 在大部分领域有可能替代传统的 CNN。该观点的依据是，Transformer 的核心是多头自注意力（Multi-Head Self-Attention，MHSA）操作，CNN 的核心是卷积（Convolution，Conv）操作，两者在功能上存在某种程度上的可替代性。单次卷积操作可以看成一种具有局部视野的特殊多头自注意力操作，其注意力权重是固定的。多头自注意力操作也可视为一类特殊的卷积操作。多头自注意力的视野范围为整个图像，且其中的求和操作是根据注意力权重进行动态加权的[16]。近年来，出现了许多单纯基于注意力机制或注意力机制与 CNN 相结合的优秀模型，这些模型展现了 Transformer 在计算机视觉领域的巨大潜力。

如上所述，Transformer 的长距离感受野特性解决了 CNN 算子感受野受限的问题，其网络结构从浅层到深层均能利用全局信息。相比之下，基于 CNN 的网络结构若要扩大感受野，需要通过多层卷积与池化操作来实现，其真实的感受野关注度是以某个点为中心逐渐向外衰减的。因此，Transformer 在全局信息利用方面相比于 CNN 而言更为均衡。此外，Transformer 的优势还体现在其结构具备极佳的多模态融合能力。对于非图像信息（如文字、语音、时间等），Transformer 可在网络的输入端对模态进行融合。而 CNN 通常需要先经过特征提取层提取图像特征，然后利用其他模型对特征进行嵌入（Embedding）操作，最后在网络末端将这些多模态的嵌入特征进行融合。

原始 Transformer 的结构如图 2.10 所示。但对于图像和视觉类多维数据任务而言，原始 Transformer 的柱状结构难以直接适用。考虑到 CNN 的结构大多呈现金字塔形状，以适应分类、分割等任务的需要，Transformer 在应用于视觉任务时也需要进行相应的调整。因此，在将注意力机制与行人重识别任务相结合时，往往只借鉴 Transformer 中的部分设计，并针对具体的输入信息进行注意力机制设计。例如，自注意力机制（Self-Attention）借鉴了

Transformer 的一些核心思想，它减少了对外部信息的依赖，更专注于捕捉数据或特征内部间的相关性，并利用图像注意力机制在视野范围上的优势来得到更大、更均衡的图像注意力特征图。这在一定程度上解决了特征间的长距离依赖问题，提升了全局特征的有效性。

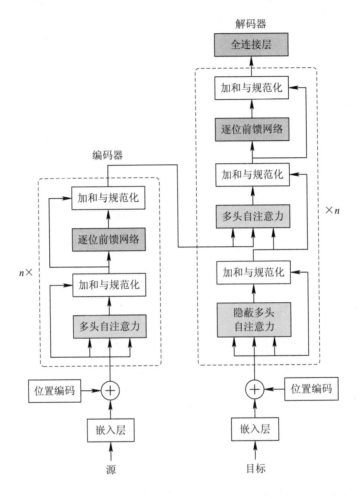

图 2.10　原始 Transformor 的结构

图 2.11 展示了自注意力机制的基本工作原理，该机制涉及三路输入：查询（Query）向量 Q、键（Key）向量 K 和值（Value）向量 V。在自注意力的计算过程中，Q 与 K 相互作用以计算注意力分数。这些分数经过 Softmax 函数处理后，形成注意力权重。随后，这些权重与 V 相乘，生成最终的自注意力特征向量。特征权重的计算基于特征节点之间的相互关系或连接模式。自注意力机制通过学习这些权重来增强网络对特征间关系的理解能力，从而提升网络的特征提取能力。

基于注意力所关注的信息内容，图像注意力方法可大致分为空间注意力与通道注意力。当前，许多方法均采用这两种方法或将两种方法结合起来，形成混合型注意力方法。通道注意力与空间注意力模块的结构如图 2.12 所示。

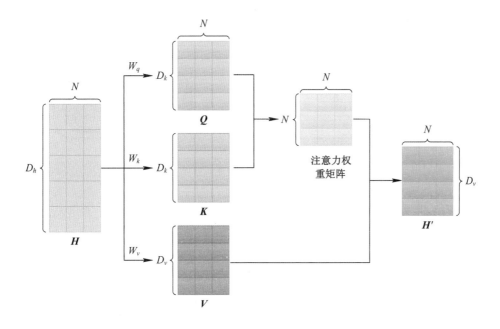

图 2.11　自注意力机制的基本工作原理

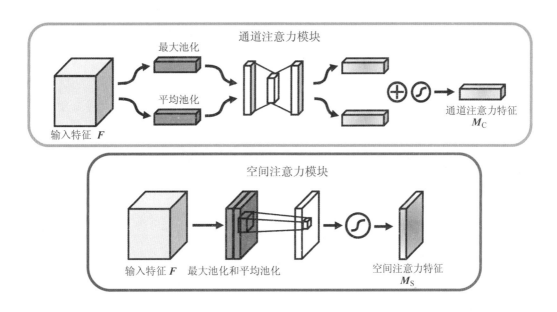

图 2.12　通道注意力与空间注意力模块的结构示意图

CBAM[17]是一种典型的采用混合型注意力的模型,其结构如图 2.13 所示。在通道注意力方面,CBAM 先对每个特征图进行平均池化和最大池化操作,然后对得到的特征图依次进行卷积、线性整流、1×1 卷积、批归一化(BN)处理,并将结果进行加权计算。而在空间注意力方面,CBAM 对特征图(Feature Map)的每个位置同时进行最大池化和平均池化操作,然后对输出的特征图进行 7×7 卷积、批归一化(BN)处理。

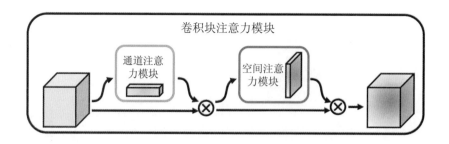

图 2.13 CBAM 模型的结构

基于不同内容的注意力方式差异，CBAM 模型可作为一个独立组件与其他网络结构进行结合。通道注意力与空间注意力可以以并行或顺序的方式组合在一起。在 CBAM 模型中，笔者将通道注意力模块放在空间注意力模块之前，取得了较好的效果。

2.2.2 损失函数

当前，基于分类的行人重识别方法主要采用了在三元组损失基础之上改进的难样本挖掘三元组损失和交叉熵损失相结合的方式。其中交叉熵损失为特征学习损失，主要用于最终的分类任务；而难样本挖掘三元组损失为度量损失，用于辅助模型获得理想的特征分布。

1. 交叉熵损失

交叉熵损失被用于将特征向量映射至所属类别的概率分布上，其也可以视为预测类别的概率分布 $q(c_i)$，其中 c_i 代表某一类别。当目标行人图像输入行人重识别模型并经过特征提取和处理流程后，模型会输出特征向量。这些特征向量随后被送入全连接层（FC）进行进一步处理，以获得逻辑分数值 $z_i(i=1,2,\cdots,n)$，并输出预测结果 $q(c_i)=\dfrac{\mathrm{e}^{z_i}}{\sum\limits_{i=1}^{n}\mathrm{e}^{z_i}}$。输入图像所对应的分类损失可表示为

$$H(p,q)=-\sum_{i=1}^{n}p(c_i)\log q(c_i) \tag{2.3}$$

其中，$p(c_i)$ 是来自训练集标注的标签信息。

每一个样本属于且仅属于一个类别的概率为 1，而属于其他类别的概率为 0。同一批次样本的具体损失为所有输入样本损失的平均值。

2. 三元组损失

三元组损失最初在 FaceNet[18] 中被提出，应用于人脸识别任务，可以较好地学习到人脸的嵌入特征，使得相似的图像在嵌入特征空间中互相接近。具体而言，三元组损失的目

标是使具有相同标签的输入样本在嵌入特征空间中尽量接近，而使具有不同标签的样本在嵌入特征空间中尽量远离。为实现这一目标，如图 2.14 所示，三元组损失采用一个三元组作为输入，该三元组包含一个锚（Anchor）样本、一个正（Positive）样本（与锚样本属于同一行人 ID）和一个负（Negative）样本。由此组成两组样本对，即正样本对（锚样本与正样本）和负样本对（锚样本与负样本）。而三元组损失的目标是缩小正样本对之间的距离，并增大负样本对之间的距离，以满足模型所期望的特征空间分布。在实际使用中，通常会加入一个 margin 阈值。

图 2.14 三元组损失的示意图

三元组损失公式可表示为

$$L_t = \max[\mathrm{dis}(a, p) - \mathrm{dis}(a, n) + \mathrm{margin}, 0] \tag{2.4}$$

其中，$\mathrm{dis}(a, p)$ 表示正样本对（锚样本 a 和正样本 p）之间的距离，$\mathrm{dis}(a, n)$ 表示负样本对（锚样本 a 和负样本 n）之间的距离。当正样本对之间的距离 $\mathrm{dis}(a, p)$ 趋近于 0 且负样本对之间的距离 $\mathrm{dis}(a, n)$ 趋近于 margin 时，三元组损失 L_t 会达到最小化。

正、负样本对之间的关系如图 2.15 所示。三元组损失对于改善特征分布具有重大意义，然而它也存在一些缺点。在正、负样本选择过程中，随机选择的样本可能并不理想，仅

图 2.15 正、负样本对之间的关系

由易辨识样本组成的样本对难以进一步提升模型的泛化能力。为解决该问题，研究人员提出了基于三元组损失的难样本挖掘三元组损失，期望通过挑选具有挑战性的样本对来构成三元组。例如，选择一个训练批次中特征分布距离最大的正样本对和特征分布距离最小的负样本对来构成三元组。

难样本挖掘三元组损失是三元组损失的改进版本，两者均是被广泛应用的度量学习损失函数。同时，TriHard Loss 在相关领域中使用更为广泛。因此，当在本书的实验章节中提到三元组损失时，若未特别注明为原版三元组损失，则默认指的是难样本挖掘三元组损失。

难样本挖掘三元组损失的核心思路可描述为：对于每一个训练批次中的样本，均随机挑选 M 个不同的行人 ID，并从每一个 ID 中选择 N 个图像样本，以此来组成大小为 $M \times N$ 的样本批次。在这个批次中，对于每一个锚样本 a，定义与其相同 ID 的样本集合为 $P(a)$，剩余样本集合为 $N(a)$。然后，针对每一个锚样本 a，从 $P(a)$ 中选择与其在特征空间中距离最远的正样本（即最难区分的正样本），从 $N(a)$ 中选择与其在特征空间中距离最近的负样本（即最难区分的负样本），以此来组成三元组样本对。

难样本挖掘三元组损失公式可表示为

$$L_{\text{th}} = \frac{1}{M \times N} \sum_{a \in \text{batch}} \left[\max_{p \in P(a)} (\text{dis}(a, p)) - \min_{n \in N(a)} (\text{dis}(a, n) + \text{margin}) \right]_{+} \tag{2.5}$$

由公式（2.5）可知，难样本挖掘三元组损失由最难的正样本对和负样本对来决定，这种特性能够显著改善三元组度量学习的性能。因此，难样本挖掘三元组损失在多个领域中得到了广泛应用，它也是当前行人重识别任务中常见的度量学习损失函数之一。

2.2.3 模型训练

在深度学习模型训练过程中，优化算法的选择是影响模型训练效果的重要因素。目前，基于深度学习的行人重识别方法主要采用的两种优化算法为小批量随机梯度下降（Mini-Batch Stochastic Gradient Descent，MBSGD）算法[19]与自适应矩估计（Adaptive Moment Estimation，Adam）算法[20]。小批量随机梯度下降算法为随机梯度下降（Stochastic Gradient Descent，SGD）[21]算法的改进版本，它们都属于梯度下降算法。梯度下降算法通过当前点的梯度方向寻找到新的迭代点，在求解过程中只需计算损失函数的一阶导数，计算代价相对较小。这一优势使得梯度下降算法在许多大规模数据集上得到广泛应用。MBGD 算法是目前学术界主要使用的一种梯度下降算法。与 SGD 算法每次迭代都使用所有样本不同，MBGD 算法在大规模的模型训练中引入了小批量概念，通过将样本集分为多个小批量训练批次，进一步降低了迭代求解的计算成本。

然而，传统的梯度下降算法也存在不足，即算法易在局部区域振荡，从而陷入局部最优。Adam 算法本质上是一种带有动量项的优化算法，它通过梯度的一阶矩估计和二阶矩估计来动态调整参数的学习率。Adam 算法的优点在于经过偏置校正后，迭代学习率都保持在一个确定的范围内，使得参数更新更加平稳。因此，Adam 算法在很多领域都得到了广泛使用。本书中的所有实验模型均使用 Adam 算法进行优化。

在训练数据预处理过程中，基于深度学习的行人重识别方法往往还会采用随机遮挡、图像随机翻转等方法对训练数据集进行增强。对于基准网络 ResNet50，通常也会使用在 ImageNet[3] 数据集上预训练好的模型。这些网络训练方法的使用会对行人重识别模型的精度产生一定影响。在本书所列举的实验中，以上网络训练方法也同样被采用。

2.3　行人重识别数据集

由于本书实验部分涉及常规行人重识别与遮挡行人重识别两类场景，而遮挡行人重识别使用针对遮挡场景的专门数据集，因此本小节将分别介绍常规行人重识别数据集和遮挡行人重识别数据集。

2.3.1　常规行人重识别数据集

本书中常规行人重识别实验章节所使用的数据集主要包括 DukeMTMC-reID[23]、CUHK03(Labeled/Detected)[24]、MSMT17[25]、Market-1501[22]。这四个数据集是目前学术界所使用的主流且规模较大的行人重识别数据集，其样本均采集自多个摄像头与多个时段，以满足行人重识别任务的需求。现有的大部分行人重识别方法均选择其中的部分数据集进行模型的训练与测试。第 3 章与第 5 章采用了 Market-1501、DukeMTMC-reID 和 CUHK03(Labeled/Detected)三个数据集，而第 4 章与第 6 章采用了上述四个数据集。此外，第 5 章还使用了 2.3.2 节所介绍的遮挡行人重识别数据集。图 2.16 展示了 Market-1501 数据集的部分样本。

（1）DukeMTMC-reID 数据集：包含 16 522 个训练样本和 17 661 个测试样本。这些样本是由 8 个高分辨率摄像头拍摄的。由于不同摄像头之间的拍摄角度、光照条件存在差异，同一身份在不同摄像头下的图像表现也存在较大的差异。因此，DukeMTMC-reID 当前依然是非常具有挑战性的行人重识别数据集之一。

（2）CUHK03 数据集：由 6 个摄像头拍摄，包含 1467 个身份的 14 097 个样本。这些样本通过两种方式生成：一部分由人工标注，另一部分由可变部件检测（Deformable Part Model，DPM）算法[26]裁切。CUHK03 数据集是首个规模足以满足深度学习模型训练要求的行人重识别数据集。与同一时期的其他数据集相比，CUHK03 数据集的行人图像边界框

图 2.16　Market-1501 数据集的部分样本示例

的质量相对较高。CUHK03 数据集提供了两种测试方案。第一种是单次测试方案，即随机抽取 100 个行人作为测试集，1160 个行人作为训练集，100 个行人作为验证集，这一测试过程会重复进行 20 次。第二种测试方案类似于 Market-1501 数据集的设置，即随机选择一个查询样本，将数据集划分为包括 767 个行人的训练集和包括 700 个行人的测试集。这种划分方式确保了每个身份在测试集中都有多幅图像。

（3）Market-1501 数据集：包含 1501 个行人的 32 668 个已检测到的行人图像边界框。整个数据集总体上被分为训练集（包含 751 个行人的 12 936 幅图像）、测试集（包含 3368 个查询样本）与参考图像集（包含 750 个行人的 19 732 幅图像）。平均每个身份拥有 17.2 个训练样本和 26.3 个测试样本。每个身份最多由 6 个摄像头捕获，行人图像边界框由 DPM 检测器预测。整体而言，Market-1501 数据集的行人图像边界框检测效果比 CUHK03 数据集的差一些。

（4）MSMT17 数据集：包含 4101 个行人的 126 441 幅图像，这些图像由 15 个摄像头拍摄（包括 12 个室外摄像头和 3 个室内摄像头）。它是目前可公开获得的最大的行人重识别数据集。在 MSMT17 数据集中，所有行人图像边界框都由基于区域的卷积神经网络（Region-based Convolutional Neural Networks，RCNN）[27]进行标注。由于其庞大的数据规模与复杂的动态场景，MSMT17 数据集比其他数据集更具挑战性。

2.3.2　遮挡行人重识别数据集

目前，针对行人重识别中遮挡问题的数据集相对较少，且这类数据集的规模也比常规行人重识别数据集的规模小。本书在第 5 章实验部分讨论遮挡场景时，采用了 Occluded-DukeMTMC[28]、Partial-REID[29] 与 Partial-iLIDS[30] 这三个主流的遮挡行人重识别数据集。图2.17 展示了 Occluded-DukeMTMC 数据集的部分遮挡样本。

图 2.17　Occluded-DukeMTMC 数据集的部分遮挡样本示例

（1）Occluded-DukeMTMC 数据集：包含 15 618 个训练样本、17 661 个测试样本和 2210 个遮挡查询样本。Occluded-DukeMTMC 数据集是 DukeMTMC-reID 数据集的子集，由 DukeMTMC-reID 数据集中包含遮挡场景的图像样本组成。

（2）Partial-REID 数据集：一个专门设计的局部遮挡行人重识别数据集。该数据集包含 60 个行人的 600 幅图像，每个行人有 5 幅全身图像和 5 幅局部图像。这些图像样本都是在大学校园内通过不同视角在不同背景和遮挡状态下获取的。在 Partial-REID 数据集中，所有的查询样本均为包含遮挡场景的样本，而所有的测试样本均为完整的全身图像。

（3）Partial-iLIDS 数据集：一个在 iLIDS 数据集基础上生成的局部遮挡行人重识别数据集。Partial-iLIDS 数据集总共包含 476 幅由多个非重叠摄像头拍摄的、涉及 119 个行人的图像。

2.4 评价指标

在行人重识别任务中，评价不同方法的优劣通常使用累计匹配特性(Cumulated Matching Characteristics，CMC)与均值平均精度(Mean Average Precision，mAP)这两项关键指标。基于深度学习的模型在训练集上训练完成后，会在测试集上进行性能评估。行人重识别可视为一种典型的图像检索任务。当给定一幅测试图像时，模型需要在测试集中找出可能的匹配样本，并按照匹配的可能性从高到低进行排序。具体而言，若属于同一行人 ID 的图像样本在排序中越靠前，则说明该模型的识别性能越好。这一性能通常通过 CMC 与 mAP 这两项关键指标来衡量。

CMC 曲线表示模型 Top-k 的命中概率，主要用于评估闭集 Rank-k 的准确率。而命中 ID 在排序前 k 位的概率决定了 Rank-k 的准确率。当模型检索结果中存在多个匹配项时，CMC 曲线通过计算这些匹配项的平均值来评估 Rank-k 的准确率。Rank-k 的准确率可表示为

$$\text{CMC}(k) = \frac{1}{N} \sum_{i=1}^{N} f(p_i, k) \tag{2.6}$$

其中，CMC(k) 代表 Rank-k 的准确率，行人重识别中常用的 Rank-k 有 Rank-1、Rank-5 与 Rank-10，Rank-1 的准确率是行人重识别模型最为关键的指标；$f(p_i, k)$ 表示判别函数，对于测试集中的样本 p_i 而言，判别函数 $f(p_i, k)$ 用于判断前 k 位是否包含正确的 ID 样本项，其定义如下：

$$f(p_i, k) = \begin{cases} 1, & \text{前 } k \text{ 个样本包含查询 ID} \\ 0, & \text{其他} \end{cases} \tag{2.7}$$

由此可知，CMC(k) 给出了模型在排序列表前 k 位命中正确样本的概率。为便于理解，本书实验部分将使用 Rank-1、Rank-5 与 Rank-10 这三个指标来描述 CMC(k)，这也是学术界通用的模型性能评估方式。图 2.18 通过一个简单的示例展示了 Rank-k 的计算过程。

根据图 2.18 所给出的 Rank-k 计算示例，假设待检索样本数量为 5，分别标记为 Fig 1 至 Fig 5。图中的圆圈代表命中，叉代表未命中，横轴上的 1 至 10 代表不同的排序位置。从图中可观察出，第 1 位命中 1 个样本，前 5 位命中 3 个样本，前 10 位命中 5 个样本。由于查询样本的总数为 5，可以计算出 Rank-1、Rank-5、Rank-10 的准确率分别为 0.2(即 1/5)、0.6(即 3/5)与 1.0(即 5/5)。

CMC 描述了排序前 k 位命中的概率，而另一关键指标——均值平均精度(mAP)则描述了模型在整个测试集中所有样本排序结果的平均精度的均值，更能体现算法的整体鲁棒性。

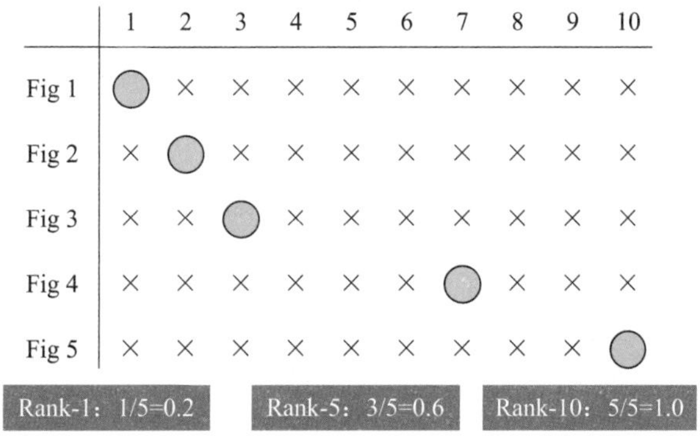

图 2.18　Rank-k 计算示例

mAP 的计算公式如下：

$$\text{mAP} = \frac{1}{N} \sum_{i=1}^{N} \text{AP}_i \tag{2.8}$$

其中，N 表示测试集样本总数，AP_i 表示序号为 i 的样本的检索平均精度，其公式为

$$\text{AP}_i = \frac{1}{M} \sum_{i=1}^{M} P(i, q_i) \tag{2.9}$$

其中，M 表示测试集中命中正确 ID 的总样本数，$P(i, q_i)$ 表示在排序前 i 个位置中命中正确 ID 的样本数与 i 的比值。

由此可知，AP_i 表示单个样本的检索平均精度，mAP 表示所有测试样本的平均精度的均值。

图 2.19 描述了 mAP 的计算过程，其中 AP_1、AP_2、AP_3 的均值构成了 mAP。对应单个样本 AP_i 的计算方式如图 2.19 所示，正确样本的排序越靠前，AP_i 值越接近于 1。与 CMC 指标不同的是，mAP 的计算中考虑了所有检索命中的样本。mAP 的值在 0 与 1 之间，若模型检索排序达到最理想状态，即所有样本均命中且在排序列表中占据前列，则

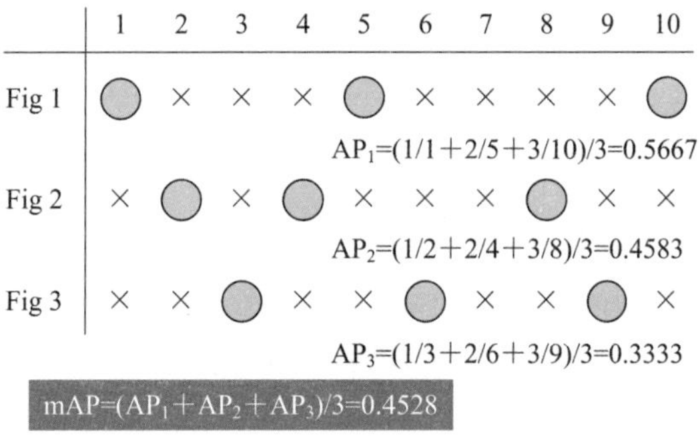

图 2.19　mAP 计算示例

mAP 值为 1；如果检索过程中有错误样本排在正确样本之前，则 mAP 值小于 1。由此可知，mAP 能够很好地反映模型的鲁棒性，通常与 CMC 指标一同用于评价行人重识别模型的精度。

2.5　本章小结

本章介绍了行人重识别领域的相关背景知识，包括深度学习与卷积神经网络的基本概念，行人重识别任务中常用的基准网络框架、损失函数、训练策略，模型训练所使用的主流基准数据集，以及评估模型精度时常用的关键指标。

参 考 文 献

[1]　HE K M，ZHANG X Y，REN S Q，et al. Deep residual learning for image recognition[C]. Proceedings of the IEEE/CVF Conference on Computer Vision and Pattern Recognition，IEEE Computer Society，2016：770-778.

[2]　SZEGEDY C，LIU W，JIA Y Q，et al. Going deeper with convolutions[C]. Proceedings of the IEEE/CVF Conference on Computer Vision and Pattern Recognition，IEEE Computer Society，2015：1-9.

[3]　DENG J，DONG W，SOCHER R，et al. Imagenet：a large-scale hierarchical image database[C]. Proceedings of the IEEE/CVF Conference on Computer Vision and Pattern Recognition，IEEE Computer Society，2009：248-255.

[4]　YU Y，GONG Z W，ZHONG P. Unsupervised representation learning with deep convolutional neural network for remote sensing images[C]. Image and Graphics：9th International Conference，Springer，2017：97-108.

[5]　WANG P Q，CHEN P F，YUAN Y，et al. Understanding convolution for semantic segmentation[C]. Proceedings of the IEEE Winter Conference on Applications of Computer Vision，IEEE Computer Society，2018：1451-1460.

[6]　CHOLLET F. Xception：deep learning with depthwise separable convolutions[C]. Proceedings of the IEEE/CVF Conference on Computer Vision and Pattern Recognition，IEEE Computer Society，2017：1251-1258.

[7]　JIN J，DUNDAR A，CULURCIELLO E. Flattened convolutional neural networks

for feedforward acceleration［C］. Proceedings of the International Conference on Learning Representations，2015：1 - 11.

［8］　ZHANG X Y，ZHOU X Y，LIN M X，et al. ShuffleNet：an extremely efficient convolutional neural network for mobile devices［C］. Proceedings of the IEEE/CVF Conference on Computer Vision and Pattern Recognition，IEEE Computer Society，2018：6848 - 6856.

［9］　LIN M，CHEN Q，YAN S. Network in network［C］. Proceedings of the International Conference on Learning Representations，2014：1 - 10.

［10］　RADENOVIĆ F，TOLIAS G，CHUM O. Fine-tuning CNN image retrieval with no human annotation［J］. IEEE Transactions on Pattern Analysis and Machine Intelligence，2017，41(7)：1655 - 1668.

［11］　ZHAI Y，GUO X，LU Y，et al. In defense of the classification loss for person re-identification［C］. Proceedings of the IEEE/CVF Conference on Computer Vision and Pattern Recognition Workshops，IEEE Computer Society，2019：1 - 10.

［12］　ZENG K W，NING M N，WANG Y H，et al. Hierarchical clustering with hard-batch triplet loss for person re-identification［C］. Proceedings of the IEEE/CVF Conference on Computer Vision and Pattern Recognition，IEEE Computer Society，2020：13657 - 13665.

［13］　HUANG G，LIU Z，MAATEN L V D，et al. Densely connected convolutional networks［C］. Proceedings of the IEEE/CVF Conference on Computer Vision and Pattern Recognition，IEEE Computer Society，2017：4700 - 4708.

［14］　VVASWANI A，SHAZEER N，PARMAR N，et al. Attention is all you need［C］. Proceedings of the International Conference on Neural Information Processing System，2017，6000 - 6010.

［15］　SIMONYAN K，ZISSERMAN A. Very deep convolutional networks for large-scale image recognition［C］. Proceedings of the International Conference on Learning Representations，2015：1 - 14.

［16］　CORDONNIER J B，LOUKAS A，JAGGI M. On the relationship between self-attention and convolutional Layers［C］. Proceedings of the International Conference on Learning Representations，2020：1 - 18.

［17］　WOO S，PARK J，LEE J Y，et al. Cbam：convolutional block attention module ［C］. Proceedings of the European Conference on Computer Vision，Springer，2018：3 - 19.

[18] SCHROFF F, KALENICHENKO D, PHILBIN J. Facenet: a unified embedding for face recognition and clustering[C]. Proceedings of the IEEE/CVF Conference on Computer Vision and Pattern Recognition, IEEE Computer Society, 2017: 4700 - 4708.

[19] KHIRIRAT S, FEYZMAHDAVIAN H R, JOHANSSON M. Mini-batch gradient descent: faster convergence under data sparsity[C]. Proceedings of the Annual Conference on Decision and Control, IEEE Computer Society, 2017: 2880 - 2887.

[20] KINGMA D P, BA J. Adam: a method for stochastic optimization[C]. Proceedings of the International Conference on Learning Representations, 2015: 1 - 15.

[21] BOTTOU L. Large-scale machine learning with stochastic gradient descent[C]. Proceedings of the International Conference on Computational Statistics, Springer, 2010: 177 - 186.

[22] ZHENG L, SHEN L Y, TIAN L, et al. Scalable person re-identification: a benchmark[C]. Proceedings of the IEEE/CVF International Conference on Computer Vision, IEEE Computer Society, 2015: 1116 - 1124.

[23] RISTANI E, SOLERA F, ZOU R, et al. Performance measures and a data set for multi-target, multi-camera tracking[C]. Proceedings of the European Conference on Computer Vision, Springer, 2016: 17 - 35.

[24] LI W, ZHAO R, XIAO T, et al. Deepreid: deep filter pairing neural network for person re-identification[C]. Proceedings of the IEEE/CVF Conference on Computer Vision and Pattern Recognition, IEEE Computer Society, 2014: 152 - 159.

[25] WEI L H, ZHANG S L, GAO W, et al. Person transfer gan to bridge domain gap for person re-identification[C]. Proceedings of the IEEE/CVF Conference on Computer Vision and Pattern Recognition, IEEE Computer Society, 2018: 79 - 88.

[26] FELZENSZWALB P F, GIRSHICK R B, MCALLESTER D, et al. Object detection with discriminatively trained part-based models[J]. IEEE Transactions on Pattern Analysis and Machine Intelligence, 2009, 32(9): 1627 - 1645.

[27] REN S Q, HE K M, GIRSHICK R, et al. Faster r-CNN: towards real-time object detection with region proposal networks[J]. IEEE transactions on Pattern Analysis and Machine Intelligence, 2016, 39(6): 1137 - 1149.

[28] CHEN W H, CHEN X T, ZHANG J G, et al. Beyond triplet loss: a deep quadruplet network for person re-identification[C]. Proceedings of the IEEE/CVF Conference on Computer Vision and Pattern Recognition, IEEE Computer Society,

2017: 403 - 412.

[29]　ZHANG W S, LI X, XIANG T, et al. Partial person re-identification [C]. Proceedings of the IEEE/CVF International Conference on Computer Vision, IEEE Computer Society, 2015: 4678 - 4686.

[30]　ZHENG W S, GONG S G, XIANG T. Person re-identification by probabilistic relative distance comparison[C]. Proceedings of the IEEE/CVF Conference on Computer Vision and Pattern Recognition, IEEE Computer Society, 2011: 649 - 656.

第 3 章 基于局部-全局关系特征的行人重识别方法

在第 2 章介绍的基于深度学习的行人重识别基准网络架构基础上，本章针对一个关键问题——局部特征间关联的重要性未得到足够重视，提出了全局关系网络。该网络通过挖掘不同语义区域特征间的潜在关联，以获得具有判别力的局部聚合特征。此外，本章还提出了一种新的关系特征学习框架，该框架采用相对简洁的网络结构，增强了图像局部与全局视角之间的语境关联。

3.1 引 言

行人重识别是一项在实时或非实时监控系统中，依据有限线索实现目标人物匹配的关键技术。作为计算机视觉领域的研究热点，该技术在监控智能化领域展现出广阔的应用前景，并积极推动了目标追踪、图像检索等相关领域的发展，因此吸引了众多研究人员投入其中。通常，研究人员需应对复杂多变的图像样本匹配挑战，如跨多摄像头识别、光线变化、遮挡以及人体非刚性姿势形变等，这些因素均显著提升了行人重识别任务的检索难度。

目前，基于全局特征的行人重识别模型主要侧重于从输入的整体行人图像样本中提取特征。这类方法隐含一个前提，即摄像头捕获的图像能够全面涵盖行人的头部、躯干、四肢等整个人体结构，以及背包、衣物等附属物，从而假定输入的行人图像样本是完整的。凭借卷积神经网络卓越的图像特征提取能力和卷积核的平移不变性，在面对整体相似度较高的样本时，基于深度学习的行人重识别模型能够有效地从输入的整体行人图像中学习出具有区分度的特征，并输出准确的分类结果。然而，在实际应用中，待匹配的图像集中常包含大量因视角变化、光照条件、姿态差异等因素导致的难以仅通过整体对比实现正确识别的样本。图 3.1 展示了常规行人重识别数据集中因视角变化、裁切不当、人体姿态形变等因素所形成的部分难样本对。由于基于全局特征的方法是对整个图像样本进行特征提取的，因此其输出的特征中并不包含具体的空间信息。空间信息的缺失意味着不恰当的裁切所引入的背景噪声会对生成的全局特征产生显著干扰，导致模型难以适应关键点未对齐的场景。因此，近年来，研究者开始逐渐转向关注基于局部特征的研究方法。

(a) CUHK03(Labeled)　　　　　(b) Market-1501　　　　　(c) DukeMTMC-reID

图 3.1　常规行人重识别数据集中部分难样本对示例

基于局部特征的方法在行人重识别任务中已被证实是一种有效的应对人体姿态变化的方法。基于全局特征的方法易受人体姿态变化、遮挡、背景噪声等因素的影响，同时图像细节也易被忽略，从而限制了特征学习的准确性。而基于局部特征的行人重识别方法表现出更强的鲁棒性。这是因为每个图像区域均包含人体的部分特征，通过剔除背景等不相关信息，深度学习模型可以专注于对分类结果具有关键影响的特征。

基于局部特征的行人重识别方法根据其实现方式的不同大致可分为以下三类：

（1）通过增加附加信息及标注进行引导，例如人体姿态估计信息与身体区域标记信息[1-3]；

（2）通过图像注意力机制来引导模型关注人体的显著区域[4-7]；

（3）通过对图像进行水平分割，将目标图像切分成不同粒度的局部区域[8-11]。

图 3.2 展示了部分基于局部特征的行人重识别方法所使用的图像分割策略，从图 3.2（a）到（e）分别为可伸缩的全局–局部对齐模型（GLAD）[12]、水平金字塔匹配模型（HPM）[13]、深度部分对齐表示学习模型（DPL）[14]、海德拉增强网络（Hydra-plus）[4]和注意力驱动的两阶段聚类模型（ADTC）[15]。值得注意的是，虽然使用部分级图像特征独立计算图像相似度可显著提升深度学习算法的鲁棒性，但在图像切分过程中易造成细节丢失。同时，缺乏端到端的学习过程也增加了局部特征学习的难度与复杂性。就模型精度而言，聚合多

个局部特征通常比仅使用全局特征表现出更好的性能,但该方法仍受限于依赖少数部分级图像特征。

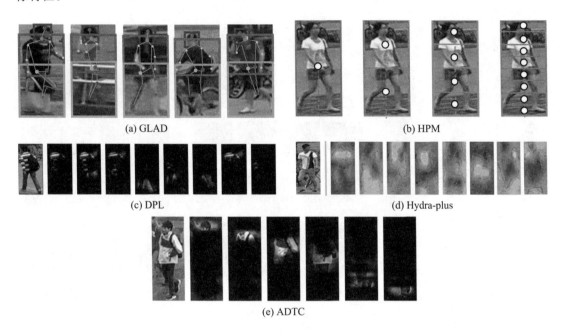

图 3.2 部分基于局部特征的行人重识别方法所使用的图像分割策略

关系网络[16]是近年来在计算机视觉任务中成功应用的一种具有代表性的利用图像像素级关联的模型。关系网络的核心思想是考虑所有局部实体之间的关联关系,并将这些关系集成起来作为线索,以解决复杂的关系推理问题。在实现上,关系网络大多由嵌入模型(Embedding Model)与关系模型(Relation Model)两部分组成。首先,通过嵌入模型提取特征;然后将特征图中代表通道数的维度进行拼接,形成新的特征;最后将所得的特征输入关系模型中进行关系推理。关系学习同样适用于行人重识别任务。例如,RelationNet[17]通过获取行人结构部位及其之间的关联来生成更具表现力的行人图像特征。动态双注意聚合(Dynamic Dual-Attentive Aggregation,DDAG)[18]学习方法中提出了一个模态内加权的零件注意力模块,该模块通过将领域知识应用于零件关系挖掘来提取具有判别力的零件聚集特征。高阶关系网络(High-Order RelationNet)[19]在关系学习的基础上利用相邻的有意义的特征来解决因关键点被遮挡而产生的无意义特征问题。受到这些方法的启发,我们尝试利用语义区域特征之间的潜在相关性来实现更为鲁棒的图像表示。与之前的方法不同,我们的方法结合了手动创建的身体部位与整体之间的成对联系,这与仅依赖网络自主学习区域之间关联的方法有显著区别。

为进一步挖掘局部特征在行人重识别任务中的潜力,本章提出了一种基于局部-全局关系特征的学习策略。具体而言,我们提出了一种新的基于关系学习的全局关系网络

（GCN），旨在挖掘不同图像语义区域特征间的潜在关系，从而获取更具判别力的图像特征。考虑到人体各部位之间的内在关联性，本章所提出的方法将不同图像区域的局部特征经平均池化后与图像整体的全局特征进行融合，进而对不同粒度特征间的关联性进行探索与挖掘。此外，本章方法还利用局部最大池化来捕捉行人的显著局部特征。总体来看，该方法不仅挖掘了不同语义区域之间的关系信息，还通过平均池化覆盖了不同粒度的图像区域，并结合局部最大池化来捕捉显著特征。实验表明，GCN 在多个行人重识别数据集上均展现出了优异的性能。

本章的主要工作如下。

（1）本章提出了一种基于全局语义区域关联的关系学习框架，旨在有效挖掘用于识别的具有判别力的关系特征。该框架利用有效的全局结构信息来构建紧凑的图像内在关联特征，并挖掘其中所包含的关系信息。对于每一组生成的部件级特征，我们通过构建特定区域与全局特征之间的成对关系来进一步挖掘图像特定区域间的关系信息。

（2）本章设计了一种全局关系模块，使局部语义区域的局部与全局关系更为紧密，有效地促进了不同语义区间信息的传递。在行人重识别任务中，单一语义分区虽包含部分行人特征，但传统的基于局部特征的分割方法是一种无监督分割方法，所产生的子图像区域缺乏明确的语义指向性。本章所提出的方法通过利用局部图像的上下文信息及局部–全局特征对来构建基于不同粒度特征间关联信息的推理，以弥补传统基于图像局部特征的行人重识别方法在特征表示与构建方面的不足。此外，本章所提出的方法通过建立聚类区域与全局特征间的关系，增强了统一划分下图像特征的学习能力。

（3）GCN 以相对紧凑的网络结构在多个主流的行人重识别数据集（包括 Market-1501、DukeMTMC-reID 与 CUHK03）上展现了优异的性能。特别是在 DukeMTMC-reID 数据集上，GCN 达到了 90.0% 的 Rank-1 准确率，验证了其在实际应用中的有效性。

3.2 全局关系网络结构

基于深度学习的行人重识别网络，即使没有加入明确的注意力学习机制，也可根据人体部位的语义信息进行特征学习。然而，深度学习网络通常更关注图像的显著特征，如躯干位置，而身体的其他部分（如脚部、手部等）得到的关注较少。基于局部特征的方法可以在一定程度上改善这种情况，将响应范围扩大至整个图像区域。结合基于局部特征方法的优点，本章提出的方法旨在挖掘局部与全局特征间的潜在关联，以获得更为鲁棒的图像特征。

GCN 的结构如图 3.3 所示，GCN 主要由特征提取网络（Feature Extraction Network，FEN）与全局关系模块（Global Correlation Module，GCM）组成。行人图像经过 FEN 提取

特征图，其输出作为 GCM 的输入。在训练过程中，每一个输出特征均被单独用于预测；而在测试环节，所有输出特征经过串联组成最终的特征表示。接下来我们讨论模型的各个组成部分和细节。

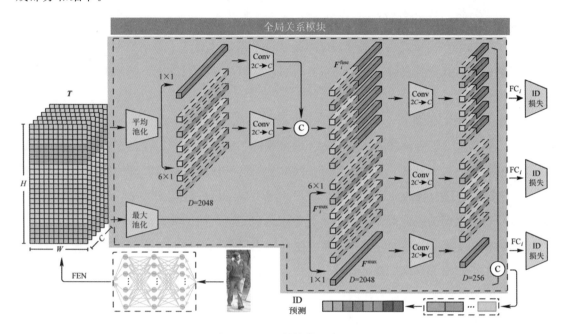

图 3.3　GCN 的结构示意图

3.2.1　特征提取网络(FEN)

与部分行人重识别方法相似，本章方法采用 ResNet50[20] 作为 GCN 的骨干网络。选择 ResNet50 主要是为了与其他行人重识别方法进行公正且客观的比较。实际上，本章方法也可以选择 ResNet 的改进型或其他高效的骨干网[21] 以获得更高的性能。在保留 ResNet50 主要结构的同时，我们进行了少量修改，即保留其原有全局平均池化层之前的网络架构，同时去除其后续网络层，并将其最后一个卷积层的步长设置为 1。这样，当图像经过 FEN 的所有层之后，可提取出尺寸为 $C \times H \times W$ 的初始特征图，其中，H、W 与 C 分别表示特征图的高度、宽度和通道数。

3.2.2　全局关系模块(GCM)

1. 动机

在行人重识别任务中，基于局部特征的行人重识别方法通过对图像进行精细划分，并在更细粒度的图像区域上提取特征，能够在一定程度上引入空间信息，从而缓解裁切错位和关键点不对齐的问题。常见的对图像进行细粒度切割的方法包括水平切割、前景分割、姿态估计信息引导、网格化切片等。虽然引入前景信息与人体姿态估计信息等额外的标注信息可以很好地辅助解决行人关键点不对齐问题，但同时也会显著增加系统整体的结构复杂度，使得模型的整体精度依赖前景切割与姿态估计信息引导等预处理环节的准确性。基于局部视觉特征的方法在一定程度上提高了全局特征在裁切不理想、关键点未对齐等场景下的适应性。但是，在图像切割的过程中，不可避免地会出现图像细节丢失和额外噪声引入的问题。此外，对图像进行细粒度切割的方法存在其局限性，因为图像切割粒度的减小并不总是意味着识别精度的持续提升。通常，基于局部细粒度特征的模型需要在划分粒度和由切割导致的特征损失之间找到平衡。

基于局部特征的行人重识别方法[22,23]专注于在不同图像粒度上提取具有判别力的局部特征，并通过特定的特征融合策略将所获得的特征有机地结合起来，以构建行人图像样本的最终表示。然而，这些方法大多孤立地理解细粒度图像特征，忽视了图像内部信息之间及不同语义区域之间的协同关系和建模。单纯依赖部分图像区域或某一类型的特征，在处理行人重识别这类复杂的模式识别任务时往往缺乏足够的鲁棒性。例如，相近颜色的衣物或相似的背包等附属物品可能出现在不同行人身上。在此情况下，仅依赖少数局部特征或线索，难以准确推断出行人的身份。尽管传统基于局部图像区域的方法能够选取具有判别力的图像区域并建立视觉表示与语义表示之间的映射，但在利用逻辑关联信息方面仍有欠缺，未能有效建模局部语义的关联关系。因此，通过特征或图像线索间的关联性进行逻辑推理，成为提高行人重识别精度的关键方法，这也凸显了学习关系特征的重要性。

然而，在多数场景下，基于关系的特征信息难以被模型捕获。深度学习网络主要关注直接或间接的图像特征提取，并在这一过程中滤除背景等噪声干扰，进而基于统计学概率对提取到的特征进行分类。在这种情况下，图像特征之间的推理逻辑信息易被模型忽略或丢失。获取关系信息的另一个思路是通过输入充足的训练样本让模型自主学习。然而，行人重识别领域目前仍面临数据短缺的困境，且由于个人隐私保护等社会因素，行人数据的搜集难度大大增加。因此，有研究者采用了主动关系构建的方法，部分方法[16]已经证明了学习对象或特征之间潜在关系的可行性。在此基础上，一些方法[18]成功地通过挖掘部件关系提取了具有判别力的图像聚合特征。受这些方法的启发，我们提出了一种新的关系学习网络，旨在挖掘成对语义区域特征之间的关系信息，以获得更为鲁棒的图像特征。最终的关系函数 $N(O)$ 公式如下：

$$N(O) = R_\phi \big(\sum_{i,j} W_\varepsilon (f_i, f_j) \big) \qquad (3.1)$$

其中，O 表示输入特征集，即 $O = \{f_1, f_2, \cdots, f_{i+j} | i = 1, \cdots, I \text{ 且 } j = 1, \cdots, J\}$；$R_\phi$ 和 W_ε 分别表示 ϕ 和 ε 的方程，W_ε 表示特征间可学习的突触权重，而 R_ϕ 表示特征之间的内在关联方式。

本章方法通过引入一种新的全局关系模块，使得学习和挖掘人体部位与整体之间的关系信息成为可能。同时，为了聚合局部区域的具有判别性的关系信息，对图像样本进行柔性的自适应图像分割。在行人重识别方法中，全局平均池化（GAP）与全局最大池化（GMP）都被广泛应用于特征提取。GMP 可以从目标图像中聚集最具判别性的图像特征，但不可避免地存在信息丢失的问题。而 GAP 在视野覆盖上更具优势，可以覆盖整体图像的可视区域，但易受到杂乱背景或前景遮挡的影响。虽然 GAP 的结构简单，但因其良好的视野覆盖范围，适合用于特征关系提取。

在训练过程中，我们利用 GAP 和 GMP 对初始特征 T 进行水平切割，将其平均划分为 p 个水平特征。每个经过平均池化后的水平特征均与全局平均池化特征串联，形成一个新的特征向量。基于这些生成的具有成对属性的特征向量，再通过一个简单的卷积层来挖掘不同区域之间潜在的局部-全局关系，并辅以局部最大池化特征，从而得到新的聚合了特定区域关系特征的鲁棒的图像表示。

2. 网络结构

基于局部特征的方法已经证明，来自水平或网格划分的局部特征有助于提高行人重识别模型的识别能力。现有的许多先进的基于局部特征的方法利用提取的局部特征进行分类，并将所获得的局部特征以特定的序列进行连接，形成最终的行人特征图。部分方法表明[24]，基于局部特征可以有效地对抗人体姿态变化及杂乱背景的干扰。在这些方法的基础上，Park 等人提出了 RelationNet[17]，他们认为，不同身体部位之间的相关性同样有助于行人识别，该方法侧重于对特定身体部位之间的关系进行建模。与 RelationNet 强调图像局部区域间的关联不同，本章所提出的方法专注于挖掘局部与整体特征之间的关联性。

GCM 的网络结构如图 3.4 所示。GCM 采用了两种不同的池化方式，用于在空间中对初始输入向量 T 进行下采样，以得到若干列向量。具体来说，首先将 FEN 所提取的初始输

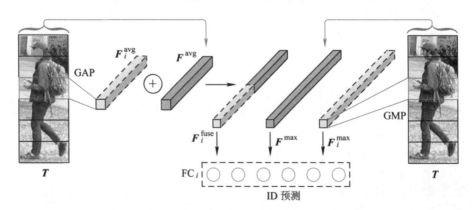

图 3.4　GCM 的网络结构

入向量 T 沿着通道轴方向定义为列向量，然后采用不同的池化方式处理 T，具体步骤如下：

（1）使用平均池化将 T 划分为 p 个水平特征向量，每个向量标记为 $F_i^{avg}(i=1,2,\cdots,p)$。类似地，也可以使用最大池化将 T 划分为 p 个水平特征向量，每个向量标记为 $F_i^{max}(i=1,2,\cdots,p)$。为了获取全局特征，应用全局平均池化和全局最大池化，分别得到全局池化特征 F^{avg} 与 F^{max}。

（2）对于步骤（1）中所获得的所有列向量，我们通过 1×1 卷积降低其维度，并将每一个局部平均池化特征 F_i^{avg} 与全局平均池化特征 F^{avg} 串联，形成新的特征，标记为 F_i^{fuse}。

（3）我们将 F_i^{fuse}、F_i^{max} 及全局最大池化特征 F^{max} 分别输入全连接层，经过另一次降维操作，将所有生成的列向量下采样至 256 维，作为分类器的输入。

在训练阶段，每个分类器均单独进行预测，并使用三元组损失与交叉熵损失进行监督学习。在测试阶段，我们将所有 F_i^{fuse}、F_i^{max} 与 F^{max} 进行合并，形成行人的最终特征。

在表现形式上，我们使用 F 来表示目标行人特征，其计算公式如下：

$$F = F^{max} + \sum_{i=1}^{p} F_i^{max} + \sum_{i=1}^{p} \text{Cat}(F_i^{avg} + F^{avg}) \tag{3.2}$$

其中，Cat 表示特征降维与拼接操作。

最终特征 F 聚合了局部平均池化特征与全局平均池化特征，且使用局部最大池化特征作为补充。通过特征 F_i^{avg} 与 F^{avg} 串联，使得输出的每一组 F_i^{fuse} 既包含其对应局部图像区域的特征，也包含图像的整体特征。同时，鉴于平均池化特征容易受到背景与遮挡噪声的影响，我们使用了对显著特征更为鲁棒的最大池化特征对其进行补充，以增强模型的鲁棒性。

3.2.3　网络关键参数

本章方法基于部分级的特性聚合，网络的关键参数如输入图像的尺寸、提取的特征向量的规格、特征横向切片的数量等，都会影响模型的最终性能。部分方法[25]表明，降低采样率可丰富细粒度特征，FEN 参考了这些方法。在本节的实验中，适用的网络优化参数设置如下：

（1）在图像预处理过程中，输入的设定长宽比由基线的 3:1 修改为 2:1。

（2）输入图像的尺寸在预处理过程中被统一修改为 384×192。

（3）经过 FEN 特征提取网络所获得的初始特征 T 的尺寸为 2048×24×12。

（4）在全局池化过程中（包含平均池化与最大池化操作），初始特征被横向均分为 6 等份。

3.3 损失函数

参考了部分行人重识别方法[26, 27]中损失函数的选择，本章方法采用将最小化交叉熵损失和三元组损失相融合的方式，并在训练过程中对每个生成的特征进行独立的身份预测。

如前所述，我们使用数据标签对模型进行训练，并在训练过程中使用损失函数进行监督。损失函数的计算公式如下：

$$L = L_{\text{triplet}} + L_{\text{ce}} \tag{3.3}$$

其中，L_{triplet} 表示来自 $\boldsymbol{F}^{\text{avg}}$ 与 $\boldsymbol{F}^{\text{max}}$ 的三元组损失，L_{ce} 表示汇总每个局部特征 $\boldsymbol{F}_i^{\text{fuse}}$ 与 $\boldsymbol{F}_i^{\text{max}}$ 的交叉熵损失。对于所生成的局部特征，我们在其后接 Softmax 层进行身份预测，每个图像预测结果可表示为 $\tilde{y}_1$，其交叉熵损失可定义为

$$L_{\text{ce}} = -\sum_{i=1}^{p} \sum y \log \tilde{y}_1 \tag{3.4}$$

其中，$\tilde{y}_1$ 与 y 分别表示模型的预测值与真实标签，$\tilde{y}_1$ 定义为

$$\hat{y}_1 = \underset{c \in K}{\text{argmax}} \frac{\exp\left[(\boldsymbol{w}_i^c)^{\text{T}} \boldsymbol{f}_i\right]}{\sum_{k=1}^{K} \exp\left[(\boldsymbol{w}_i^k)^{\text{T}} \boldsymbol{f}_i\right]} \tag{3.5}$$

其中，$\boldsymbol{f}_i$ 表示第 i 个样本的特征，$\boldsymbol{w}_i^k$ 表示模型权重矩阵中对应于第 i 个样本和第 k 个类别的权重向量，$\boldsymbol{w}_i^c$ 表示模型权重矩阵中对应于第 i 个样本和第 c 个类别的权重向量，K 表示样本 ID 的数量。

在训练阶段，三元组损失被用于学习特征空间分布。在具体实现上，首先利用全局平均池化方式输出一个尺寸为 $2048 \times 1 \times 1$ 的全局特征，然后使用 1×1 卷积将特征维度从 2048 维降至 1024 维。类似地，可以使用全局最大池化操作来获取尺寸为 $2048 \times 1 \times 1$ 的最大池化特征，经过降维后得到了尺寸为 $512 \times 1 \times 1$ 的特征。最后，这两个特征被用来共同计算三元组损失。三元组损失 L_{triplet} 的计算公式如下：

$$L_{\text{triplet}} = -\sum_{k=1}^{K} \sum_{m=1}^{M} \left[\alpha + \max_{n=1, \cdots, M} \|\boldsymbol{q}_{k, m}^A - \boldsymbol{q}_{k, n}^P\|_2 - \min_{\substack{l=1, \cdots, K \\ n=1, \cdots, N \\ l \neq k}} \|\boldsymbol{q}_{k, m}^A - \boldsymbol{q}_{l, n}^N\|_2 \right]_+ \tag{3.6}$$

其中，K 和 M 分别表示每一训练批次中行人 ID 的数量和图像数量；α 表示控制正、负样本对之间距离的参数；$\boldsymbol{q}_{i, j}^A$、$\boldsymbol{q}_{i, j}^P$ 与 $\boldsymbol{q}_{i, j}^N$ 分别表示锚样本、正样本与负样本所产生的特征，其中 i 和 j 分别表示行人 ID 和图像的索引下标。

采用三元组损失的目的是获得更好的特征空间分布，使得在特征空间中，正样本对之间的距离小于负样本对之间的距离。

3.4　潜在相似网络结构

为验证本章所提出网络结构的有效性，基于相同的骨干网络，本节列举了四种潜在的可选网络结构。与 GCN 相比，它们的差异主要如下。

（1）变种网络 1：将 T 划分为 p 个水平特征，并对每个特征列向量执行全局平均池化操作，得到标记为 F_i^{avg} 的 p 个特征。在结构上，使用 F_i^{avg} 来替代 F_i^{fuse}，以构建图像最终的特征。

（2）变种网络 2：对于每一个融合特征，我们并未将局部平均池化特征 F^{avg} 与全局平均池化特征 F^{avg} 进行串联，而采用了 One-vs.-rest 结构，如图 3.5 所示。在具体实现上，我们考虑了每个局部特征 F_i^{avg} 与除其自身以外的图像区域间的关系。对于每一个 F_i^{avg}，F_i^{rest} 作为它的互补特征，包括了不含 F_i^{avg} 的图像剩余区域的池化特征。但这种结构显著增加了整体网络的复杂性，因为它需要将多个特征重新池化后再与单个局部平均池化特征进行串联。

（3）变种网络 3：保持了与 GCN 一样的骨干网结构，同时去掉了互补的全局最大池化特征 F^{max}。

（4）变种网络 4：与变种网络 3 相似，保留了与 GCN 一样的骨干网结构，同时去掉了互补的局部最大池化特征 F_i^{max}。

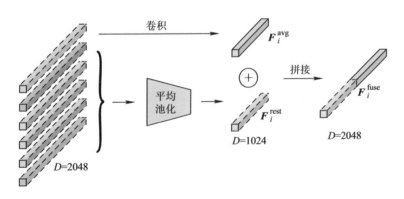

图 3.5　One-vs.-rest 网络架构处理流程

表 3.1 所示为 GCN 与其变种网络在行人重识别基准数据集 Market-1501 和 Duke-MTMC-reID 上的性能比较，表 3.2 所示为 GCN 与其变种网络在数据集 CUHK03（Labeled）和 CUHK03（Detected）上的性能比较。表中，标粗数字表示最佳性能，GMF 表示全局最大池化特征，LMF 表示局部最大池化特征，RF 表示关系特征，OF 表示 One-vs.-rest 特征。

表 3.1　GCN 与其变种网络在行人重识别基准数据集 Market-1501 和
DukeMTMC-reID 上的性能比较

方法	GMF	LMF	RF	OF	Market-1501				DukeMTMC-reID			
					Rank-1 准确率 /(%)	Rank-5 准确率 /(%)	Rank-10 准确率 /(%)	mAP /(%)	Rank-1 准确率 /(%)	Rank-5 准确率 /(%)	Rank-10 准确率 /(%)	mAP /(%)
变种网络 1	✓	✓			94.2	98.0	98.7	82.9	89.0	94.4	95.9	74.2
变种网络 2	✓	✓		✓	94.5	98.1	98.8	85.4	89.0	**95.0**	**96.3**	76.1
变种网络 3		✓	✓		95.1	**98.2**	**98.9**	85.6	88.9	94.7	96.2	76.2
变种网络 4	✓			✓	92.9	97.3	98.2	81.5	86.3	92.9	95.2	70.8
GCN	✓	✓	✓		**95.3**	**98.2**	**98.9**	**85.7**	**90.0**	94.8	95.9	**76.7**

表 3.2　GCN 与其变种网络在数据集
CUHK03(Labeled)和 CUHK03(Detected)上的性能比较

方法	GMF	LMF	RF	OF	CUHK03							
					Labeled				Detected			
					Rank-1 准确率 /(%)	Rank-5 准确率 /(%)	Rank-10 准确率 /(%)	mAP /(%)	Rank-1 准确率 /(%)	Rank-5 准确率 /(%)	Rank-10 准确率 /(%)	mAP /(%)
变种网络 1	✓	✓			79.1	91.9	95.1	75.5	74.2	87.7	92.2	70.0
变种网络 2	✓	✓		✓	82.8	92.4	**95.9**	79.1	77.7	89.9	94.3	74.3
变种网络 3		✓	✓		81.5	92.6	95.4	78.3	77.5	90.7	93.8	74.0
变种网络 4	✓			✓	77.5	90.0	93.5	73.5	75.9	89.7	93.1	71.2
GCN	✓	✓	✓		**83.7**	**93.7**	**95.9**	**80.3**	**78.5**	**91.1**	**94.6**	**74.7**

实验结果证明，所有上述网络变种在性能上均不如 GCN。GCN 相对于变种网络 1 的优越性证明了 GCM 模块可明显提升模型的识别精度。而与变种网络 2 相比，GCN 具有更优的性能及更为简洁的网络结构，从而减少了池化和降维的计算量。GCN 相对于变种网络 3 和变种网络 4 的优势表明，全局池化特征提高了 GCN 对局部特征的学习能力，并提高了

鲁棒性，有效地补充了局部融合特征。

图 3.6 展示了 GCN 及其变种网络的可视化结果。我们随机选取了 DukeMTMC-reID 数据集中 9 个行人 ID 的 200 幅图像进行可视化。这些图像展示了模型训练初期和训练结束后，所选样本在特征空间的分布情况。具体细节将在后续实验章节中阐述。其中，图 (a) 展示初始网络在特征空间分布的可视化结果，而图 (b) 至 (f) 则分别展示了 GCN 及其各变种网络在特征空间分布的可视化结果。

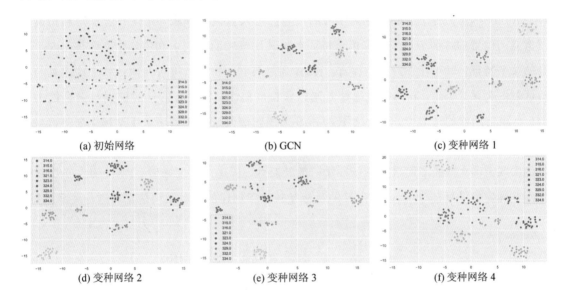

(a) 初始网络　　　　　　(b) GCN　　　　　　(c) 变种网络 1

(d) 变种网络 2　　　　　(e) 变种网络 3　　　　(f) 变种网络 4

图 3.6　GCN 及其变种网络的可视化结果

在未考虑关系特征的情况下，深度学习模型确实能够在训练过程中收敛。但通过在消融实验中对 GCN 及其变种网络在多个主流行人重识别数据集上进行比较，我们发现关系特征的加入显著提升了模型的识别精度。例如，在 DukeMTMC-reID 数据集上，当移除全局关系特征时，mAP 下降至 74.2%，行人重识别的 Rank-1 准确率下降至 89.0%。这也从侧面证明，简单的特征叠加并不能有效反映关系特征节点间的连接权值差异。GCN 通过有针对性地堆叠具有相关性的一对一特征，使模型能够从局部到全局的连接中挖掘出有效的成对关系信息。

为了进一步讨论本章提出的方法，并与相关最新研究方法的内在差异进行比较，我们将对 GCN 与另外两种同样基于关系挖掘的行人重识别方法进行分析与讨论。

与 GCN 相比，关系行人重识别模型 RelationNet[17] 利用身体部位的 One-vs.-rest 关联，使得每一部分级别的特征能够包含相应部位自身及除自身以外的其他身体部位的信息，并将对比特征与单个局部特征连接起来，形成最终的图像表示。而在本章提出的 GCN 框架中，我们手动构建了"局部–全局"特征对，在每个水平图像区域内，将局部图像的特征与全局平均池化特征进行叠加，并增加局部最大池化特征作为补充信息，以在图像全局范围内挖掘一对一的内部关联信息。相较于 RelationNet，我们通过局部-全局特征的叠加构建了一个更为简洁的 GCN 网络结构，以实现全局关系挖掘。从表 3.2 中可以看出，在多个基准行人重识别数据集上的测试结果显示，GCN 在 mAP 与 Rank-1 准确率这两项关键性能指标上均超过了 RelationNet。

大多数基于注意力学习的行人重识别方法均聚焦于局部注意力。局部注意力学习机制利用图像的局部上下文信息进行区域注意力信息学习。RGA（Relation-aware Global Attention）[28]作为基于局部注意力学习的代表性行人重识别方法，其核心思想是利用所有图像空间位置的特征节点来计算单个特征点与其他位置的加权求和值，并最终获得一个聚合的关系特征。对于任一特征点而言，RGA 通过与其他特征点进行两两计算来确定其与周边区域的关系。然而，我们发现这种策略的颗粒度偏细，导致对信息的挖掘与聚合能力较弱，且缺乏足够的适应性。相比之下，GCN 采用图像区域分区策略来手动建立局部区域和全局区域之间的关系，而不采用复杂的点对点关系加权学习策略。这种架构简化了需要学习的关联范畴，增强了网络关系特征学习的针对性。从这个角度来看，RGA 专注于图像特征间非确定性关联的学习，而 GCN 的目标是从手工创建的成对结构信息中进行关系挖掘。

3.5　实验与分析

为验证 GCN 的有效性，本节在多个主流行人重识别数据集上对 GCN 及其变种网络进行验证，这些数据集包括 Market-1501、DukeMTMC-reID、CUHK03(Labeled) 和 CUHK03(Detected)。本节详尽地介绍了实验环境设置、消融实验设计及 GCN 与当前先进行人重识别方法的横向比较。

3.5.1　实验环境设置

本实验使用 PyTorch 框架来进行模型的实现及训练。在训练过程中，我们主要使用两块 Tesla P100 GPU，并采用自适应矩估计（Adam）算法的步进策略对模型进行优化。在训练环境方面，我们配置了 CUDA Toolkit 9.0 和 PyTorch 1.0。关键参数设置如下：最大训练轮次为 1000，训练批次数为 128，学习率为 0.1。此外，我们还采用了常规的热身策略和随机擦除技术，以进行数据增强。需要说明的是，上述环境参数适用于本节中的所有实验。

3.5.2　GCN 在 mAP 上的改进

为了客观地对本章中提出的 GCN 与基线（Baseline）网络进行比较，我们在对比实验中确保所有网络模型均使用了相同的图像预处理与实验设置。实验结果表明，输入图像的高宽比设置对网络精度有轻微的影响。原始 ResNet50 网络采用 1：1 的高宽比，而 GCN 采用 2：1 的高宽比。我们在 DukeMTMC-reID 数据集上比较不了不同高宽比设置对模型精度的影响。如表 3.3 所示，采用 2：1 的高宽比在 Rank-1 准确率上取得了稍高的值，这可能是因为 2：1 的高宽比更接近于探测图像的原始框尺寸。然而，统计结果显示高宽比设置对最终结果的影响较小。

表 3.3　采用不同高宽比在 DukeMTMC-reID 数据集上进行图像预处理后的结果对比

方法	DukeMTMC-reID			
	Rank-1 准确率 /（%）	Rank-5 准确率 /（%）	Rank-10 准确率 /（%）	mAP/（%）
高宽比为 1：1 的 ResNet 50	89.9	94.8	95.9	76.5
高宽比为 2：1 的 GCN	90.0	95.1	96.1	76.7

与 Baseline 网络相比，GCN 在性能上有了明显的提升。图 3.7 展示了 GCN 与 Baseline 网络在多个基准数据集上的性能比较。具体而言，在 Market-1501 数据集上，GCN 的 mAP 从 80.4％提升至 85.7％（＋5.3％），Rank-1 准确率从 92.5％提升至 95.3％（＋2.8％）。在 CUHK03（Labeled）行人重识别数据集上，GCN 的 mAP 准确率由 73.4％提升至 80.3％（＋6.9％），Rank-1 准确率由 78.3％提升至 83.7％（＋5.4％）。在 CUHK03（Detected）数据集上，GCN 的 mAP 准确率由 70.2％提升至 74.7％（＋4.5％），Rank-1 准确率由 75.5％提升至 78.5％（＋3.0％）。而在 DukeMTMC-reID 数据集上，GCN 的 mAP 从 69.5％提升至 76.7％（＋7.2％），Rank-1 准确率从 85.1％提升至 90.0％（＋4.9％）。

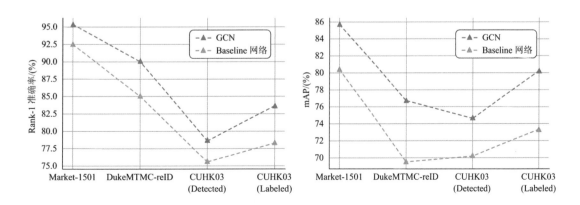

图 3.7　GCN 与 Baseline 网络的性能比较

结果显示，本章提出的方法在 mAP 与 Rank-1 准确率这两个关键性能指标上均有显著提升，这充分证明了聚合身体部位之间的关联信息可显著提升行人重识别模型的识别能力。图 3.8 展示了一组 Top-10 查询结果，通过与 Baseline 网络的对比测试，可得出结论：GCN 在 Baseline 网络的基础之上显著提升了性能，特别是在提高深度学习模型 mAP 表现方面取得了显著的成效。

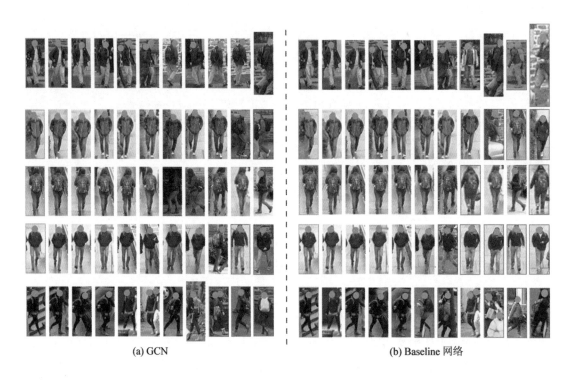

(a) GCN　　　　　　　　　　　　　　　(b) Baseline 网络

图 3.8　GCN 与 Baseline 网络在 DukeMTMC-reID 数据集上的 Top-10 查询结果比较

3.5.3　GCM 模块对 GCN 性能的影响

为验证 GCM 模块对行人重识别模型预测精度的影响，我们设计了一组消融实验，通过对比 GCN 与其变种网络的性能来评估不同网络组件对模型性能的影响。在本节的消融实验中，我们参考了变种网络 1 的设计。在变种网络 1 中，采用特征 F_i^{avg} 替代融合特征 F_i^{fuse}，以验证 GCM 模块对模型精度的影响。表 3.1 和表 3.2 展示了在多个基准行人重识别数据集上 GCN 与变种网络 1 的实验结果对比，包括 Rank-1 准确率与 mAP。从数据分析来看，GCM 模块在所有测试数据集上都展现出了显著的优势。具体来说，在 Market-1501 行人重识别数据集上，GCM 模块的引入使得 Rank-1 准确率提高了 1.1%；在 DukeMTMC-reID 数据集上，Rank-1 准确率提高了 1.0%。在 CUHK03(Detected)数据集上，GCM 模块的引入使得 Rank-1 准确率提高了 4.3%。在 CUHK03(Labeled)数据集上，Rank-1 准确率提高了

4.6%。而在 Market-1501 数据集上，mAP 提高了 2.8%；在 DukeMTMC-reID 数据集上，mAP 提高了 2.5%；在 CUHK03(Detected) 数据集上，mAP 提高了 4.7%；在 CUHK03(Labeled) 数据集上，mAP 提高了 4.8%。

消融实验结果如图 3.9 所示。加入 GCM 模块后，在所有基准数据集上，模型的精度都得到了显著提升。由此可见，通过推理关系特征间的关联，GCM 模块显著提升了模型获取具有判别力的图像特征的能力。而模型在所有测试数据集上的性能均得到明显改善，也证明了局部-全局关系特征广泛存在于行人重识别样本中，从而验证了关系特征挖掘的有效性。

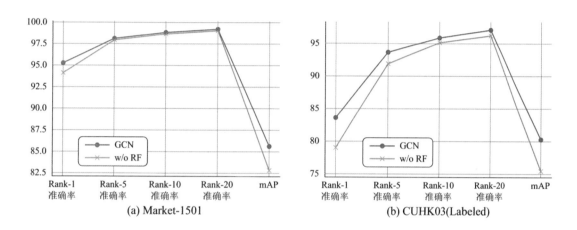

图 3.9　GCN 与不包含 GCM 模块的变种网络(记为 w/o RF)在 Market-1501 与 CUHK03(Labeled)数据集上的性能比较

3.5.4　GCN 与余量模型(One-vs.-rest)的性能比较

与 GCN 不同，余量模型(One-vs.-rest)使用指定图像位置的局部平均池化特征与其他图像区域的特征进行连接，并试图通过这种方式来挖掘局部图像区域与其他图像区域之间的关联信息。理论上，One-vs.-rest 有助于获取不同图像区域间的关联信息，且实验结果也证明了该结构的有效性，即 One-vs.-rest 在基线网络的基础上提升了模型的性能。在本小节中，我们基于相同的配置与训练参数，对 GCN 与 One-vs.-rest 进行比较。

在变种网络 2 中，我们使用 One-vs.-rest 来替代 GCM 模块。直观的对比结果如图3.10 所示。从表 3.1 和表 3.2 中的模型精度对比数据可知，GCN 在性能上进一步超越了 One-vs.-rest。具体而言，在 Market-1501 数据集上，GCN 的 Rank-1 准确率与 mAP 分别提高了 0.8% 与 0.3%；而在 CUHK03(Detected) 数据集上，这两个指标分别提高了 0.8% 与 0.3%；在 CUHK03(Labeled) 数据集上，这两个指标分别提高了 0.9% 与 1.2%；在

DukeMTMC-reID 数据集上，这两个指标分别提高了 1.0％和 0.6％。基于该对比实验结果可知，One-vs.-rest 虽然有助于推理不同图像区域间的特征关联信息，但其特征划分方式相较于 GCN 的特征划分方式更为复杂。相比之下，GCN 的简洁结构有助于模型取得更好的泛化能力，因此其在多个数据集上的主要性能指标均略胜于 One-vs.-rest。

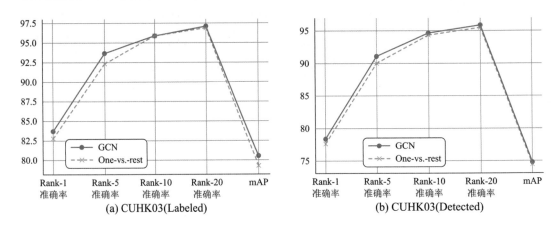

图 3.10　GCN 与 One-vs.-rest 在 CUHK03(Labeled/Detected)数据集上的性能比较

3.5.5　补充特征对模型性能的影响

GCN 同时结合了平均池化特征和最大池化特征。相较于平均池化，最大池化更侧重于捕捉对分类结果具有显著影响的突出特征，而忽视其他较为次要的特征。在行人重识别任务中，最大池化能够有效过滤图像特征中的信息，减轻遮挡、背景噪声等对图像最终特征的干扰。

为了补充融合特征的信息，我们将最大池化方法也应用于每个局部特征，从而得到全局最大池化特征 $\boldsymbol{F}^{\max}$ 与局部最大池化特征 $\boldsymbol{F}_i^{\max}$。为了验证补充最大池化特征对模型精度的影响，本小节设计了两组消融实验。如表 3.1 和表 3.2 所示，在 Market-1501、CUHK03 (Labeled)、CUHK03(Detected)、DukeMTMC-reID 四个基准数据集上，GCN 在 Rank-1 准确率上相比变种网络 3 分别提升了 0.2％、2.2％、1.0％、1.1％，相比变种网络 4 分别提升了 2.4％、6.2％、2.6％、3.7％。而在 mAP 指标方面，GCN 相比变种网络 3 分别提升了 0.1％、2.0％、0.7％、0.5％，相比变种网络 4 分别提升了 4.2％、6.8％、3.5％、5.9％。图 3.11 与图 3.12 直观地展示了局部最大池特征对模型准确性的显著影响。消融实验结果证明，局部最大池化特征为局部关联融合特征的有效补充，两者的有机结合显著提升了模型性能。

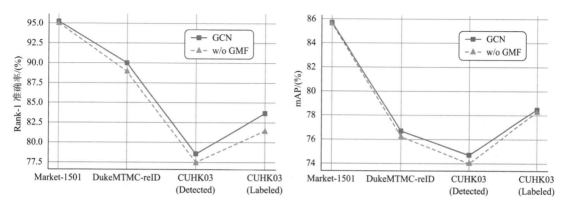

图 3.11　GCN 与不包含全局最大池化特征的变种网络（记为 w/o GMF）在 Market-1501、
DukeMTMC-reID 及 CUHK03 数据集上的性能比较

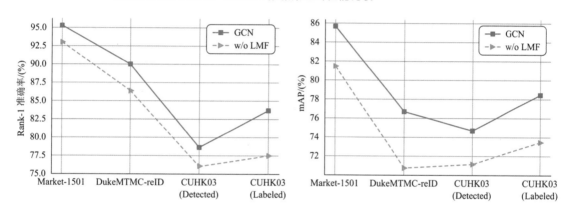

图 3.12　GCN 与不包含局部最大池化特征的变种网络（记为 w/o LMF）在 Market-1501、
DukeMTMC-reID 及 CUHK03 数据集上的性能比较

3.5.6　参数 p 对模型性能的影响

理论上，不同的 p 值决定了目标图像切分后特征的粒度。在本实验中，我们采用逐步增大 p 的方法来验证不同 p 值对模型性能的影响。图 3.13 直观展示了在 DukeMTMC-reID 基准数据集上不同 p 值对应的实验结果比较。由结果可知，模型精度并不总是随着 p 值的增加而增大的。在初始阶段，Rank-1 准确率与 mAP 均随着 p 值的增加而增大。这主要得益于基于局部的图像分割策略。该策略迫使模型在特定图像区域内聚焦于局部细节特征，并在一定程度上防止了模型过拟合。然而，当 p 值超过某个阈值之后，模型精度开始减小。这是因为随着 p 值的进一步增加，模型对部分级特征的关注度过高，导致特征过度分割，从而造成部分图像特征丢失。过于细粒度的图像特征反而阻碍了模型精度的进一步提升。这是因为 p 值越大，单一局部图像覆盖的区域面积越小，增加了特征学习的难度。因此，在本章中，我们选择参数 $p=6$，并将这一设置应用于最终的 GCN 模型。

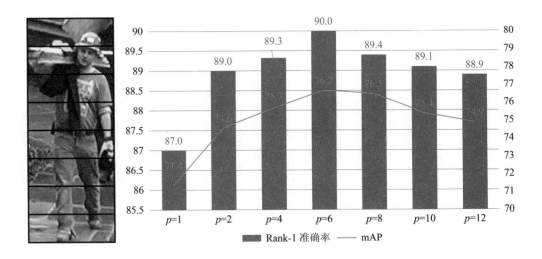

图 3.13 在 DukeMTMC-reID 数据集上不同 p 对应的实验结果比较

3.5.7 GCN 与其他先进方法的比较

通过衡量不同方法在基准数据集上的 mAP 与 Rank-1 准确率,我们将 GCN 与近年来学术界其他先进的行人重识别方法进行了比较,并在表 3.4 及表 3.5 中列出了在 Market-1501、CUHK03 及 DukeMTMC-reID 三个行人重识别基准数据集上的性能比较结果。表中粗体数字表示最优性能,下划线表示次优性能。对于行人重识别任务而言,性能评估通常包括单次查询与重排序查询两种模式。一般而言,重排序查询算法会进一步提升查询结果的准确率。为了公平比较,本章中所有比较结果均基于单次查询模式得出,且所有结果均未经过重排序处理。

表 3.5 中用于比较的行人重识别方法按照研究方法的不同大致分为两组:一组为基于度量学习的方法[29, 30],另一组为基于深度学习的方法。实验结果表明,除 Market-1501 数据集以外,GCN 在上述其他数据集上的 Rank-1 准确率均优于表中用于对比的方法。这一对比结果直观证明了本章所提出的 GCN 的有效性。此外,GCN 在 CUHK03(Labeled)数据集上的 mAP 与 Rank-1 准确率均优于表中列出的其他方法。尤其值得注意的是,DukeMTMC-reID 与 CUHK03 数据集因包含较大比例的姿态变化、背景杂乱、遮挡等困难样本,因此它们的检索难度大于 Market-1501 数据集的。

在 CUHK03(Labeled)和 CUHK03(Detected)数据集上,GCN 超过了表中所列举的大多数方法。具体来说,在 CUHK03(Detected)数据集上,GCN 在 mAP 和 Rank-1 准确率上分别超过 ISP[48] 0.5% 与 2.0%。此外,GCN 和 RelationNet[17] 之间的比较更有意义,因为两者的思路相近,均专注于挖掘特征间的关系。在 CUHK03(Labeled)数据集上,GCN 在 mAP 和 Rank-1 准确率上分别超过 RelationNet 4.7% 和 5.8%。而在 DukeMTMC-reID 数

据集上，GCN 的 Rank-1 准确率达到了 90.0%，超过了表中所有的比较方法，其中超过 RelationNet 0.3%。这些比较结果证明了 GCN 的有效性。

表 3.4　GCN 与近年来行人重识别方法的性能比较

——在 Market-1501 和 DukeMTMC-reID 基准数据集上比较 mAP 和 Rank-1 准确率

方　法	公开来源	Market-1501		DukeMTMC-reID	
		mAP/(%)	Rank-1 准确率/(%)	mAP/(%)	Rank-1 准确率/(%)
SVDNet[29]	ICCV2017	62.1	82.3	56.8	76.7
Triplet[30]	arXiv2017	69.1	84.9	—	—
MGCAM[31]	CVPR2018	74.3	83.8	—	—
HA-CNN[32]	CVPR2018	75.7	91.2	63.8	80.5
DaRe[33]	CVPR2018	76.0	89.0	64.5	80.2
MHN(PCB)[34]	ICCV2018	85.0	95.1	77.2	89.1
Mancs[35]	ECCV2018	82.0	93.1	71.8	84.9
PCB[36]	ECCV2018	77.5	92.5	65.3	81.9
PCB＋RPP[36]	ECCV2018	81.0	93.1	68.5	82.9
AANet[37]	CVPR2019	83.4	93.9	74.3	87.7
CAMA[38]	CVPR2019	84.5	94.7	72.9	85.8
IANet[39]	CVPR2019	83.1	94.4	73.4	87.1
PatchNet[40]	CVPR2019	40.1	68.5	53.2	72.0
HPM[13]	AAAI2019	82.7	94.2	74.3	86.6
Auto-ReID[41]	ICCV2019	85.1	94.5	—	—
BAT-net[42]	ICCV2019	84.7	95.1	77.3	87.7
BFE[43]	ICCV2019	86.7	95.3	75.9	88.9
OSNet[44]	CVPR2019	84.9	94.8	73.5	88.6
AlignedReID++[45]	PATTERN RECOGN2019	79.1	91.8	69.7	82.1
RGA-SC[28]	CVPR2020	88.4	**96.1**	—	—
MMCL[46]	CVPR2020	45.5	80.3	51.4	72.4
CtF[47]	ECCV2020	84.9	93.7	74.8	87.6
ISP[48]	ECCV2020	88.6	95.3	**80.0**	89.6
RelationNet[17]	AAAI2020	**88.9**	95.2	78.6	89.7
GCN	—	85.7	95.3	76.7	**90.0**

表 3.5　GNC 与近年来行人重识别方法的性能比较

——在 CUHK03 基准数据集上比较 mAP 和 Rank-1 准确率

方　　法	公开来源	CUHK03			
		Labeled		Detected	
		mAP/(%)	Rank-1 准确率/(%)	mAP/(%)	Rank-1 准确率/(%)
SVDNet[29]	ICCV2017	37.8	40.9	37.3	41.5
MGCAM[31]	CVPR2018	50.2	50.1	46.9	46.7
HA-CNN[32]	CVPR2018	41.0	44.4	38.6	41.7
DaRe[33]	CVPR2018	61.6	66.1	59.0	63.3
MHN(PCB)[34]	ICCV2018	72.4	77.2	65.4	71.7
Mancs[35]	ECCV2018	63.9	69.0	60.5	65.5
MGN[8]	ACM2018	67.4	68.0	66.0	66.8
PCB[36]	ECCV2018	54.2	61.3	—	—
PCB+RPP[36]	ECCV2018	57.5	63.7	—	—
CAMA[38]	CVPR2019	66.5	70.1	64.2	66.6
Auto-ReID[41]	ICCV2019	73.0	77.9	69.3	73.3
BAT-net[42]	ICCV2019	76.1	78.6	73.2	76.2
BFE[43]	ICCV2019	—	—	73.5	76.4
OSNet[44]	CVPR2019	—	—	67.8	72.3
AlignedReID++[45]	PATTERN RECOGN2019	—	—	59.6	61.5
HPM[13]	AAAI2019	—	—	57.5	63.9
RGA-SC[28]	CVPR2020	<u>77.4</u>	<u>81.1</u>	<u>74.5</u>	**79.6**
RelationNet[17]	AAAI2020	75.6	77.9	69.6	74.4
ISP[48]	ECCV2020	71.4	75.2	74.1	76.5
GCN	—	**80.3**	**83.7**	**74.6**	<u>78.5</u>

3.6　本章小结

　　本章提出了一种基于局部-全局关系特征的行人重识别方法（GCN）。该方法从全局视角重新思考了局部语义区域与图像整体特征之间的关联性，并将其应用于行人身份检索中的关键分类信息推理。GCN 采用了一种基于特征间关联信息获取的局部-全局关系特征学习策略，并引入了一种新的全局关系模块，旨在联合挖掘不同语义区域及粒度特征之间的潜在逻辑关联。通过构建局部图像上下文信息及局部-全局关系特征对，模型对特征间的语义表示关联进行推理，进一步挖掘与行人检索结果强相关的深层次关系特征，以弥补传统基于局部特征的行人重识别方法在关系表示构建方面的不足。最终的实验结果表明，GCN 有效提升了行人重识别模型获取判别性关系特征的能力，其精度超过了现有大多数先进方法，并在多个数据集上设置了新的识别精度基线。

参 考 文 献

[1] CHO Y Y, YOON K J. PaMM: Pose-aware multi-shot matching for improving person re-identification[J]. IEEE Transactions on Image Processing, 2018, 27(8): 3739 – 3752.

[2] LI J N, ZHANG S L, TIAN Q, et al. Pose-guided representation learning for person re-identification [J]. IEEE Transactions on Pattern Analysis and Machine Intelligence, 2022, 44(2): 622 – 635.

[3] CHO Y K, YOON K J. Improving person re-identification via pose-aware multi-shot matching[C]. Proceedings of the IEEE/CVF Conference on Computer Vision and Pattern Recognition, IEEE Computer Society, 2016: 1354 – 1362.

[4] LIU X H, ZHAO H Y, TIAN M Q, et al. Hydraplus-net: attentive deep features for pedestrian analysis[C]. Proceedings of the IEEE/CVF International Conference on Computer Vision, IEEE Computer Society, 2017: 350 – 359.

[5] JI Z L, ZOU X L, LIN X H, et al. An attention-driven two-stage clustering method for unsupervised person re-identification [C]. Proceedings of the European Conference on Computer Vision, Springer, 2020: 20 – 36.

[6] XU J, ZHAO R, ZHU F, et al. Attention-aware compositional network for person re-identification[C]. Proceedings of the IEEE/CVF Conference on Computer Vision and Pattern Recognition, IEEE Computer Society, 2018: 2119 – 2128.

[7] CHEN X S, FU C M, ZHAO Y, et al. Salience-guided cascaded suppression network for person re-identification. Proceedings of the IEEE/CVF Conference on Computer Vision and Pattern Recognition, IEEE Computer Society, 2020: 3300 – 3310.

[8] WANG G S, YUAN Y F, CHEN X, et al. Learning discriminative features with

multiple granularities for person re-identification[C]. Proceedings of the ACM International Conference on Multimedia, 2018: 274 - 282

[9] WAN C Q, WU Y, TIAN X M, et al. Concentrated local part discovery with fine-grained part representation for person re-identification[J]. IEEE Transactions on Multimedia, 2020, 22(6): 1605 - 1618.

[10] HUANG H J, YANG W J, LIN J B, et al. Improve person re-identification with part awareness learning[J]. IEEE Transactions on Image Processing, 2020, 29: 7468 - 7481.

[11] HOU Y K, LIAN S C, HU H F, et al. Part-relation-aware feature fusion network for person re-identification [J]. IEEE Signal Processing Letters, 2021, 28: 743 - 747.

[12] WEI L H, ZHANG S L, YAO H T, et al. Glad: global-local-alignment descriptor for scalable person re-identification[J]. IEEE Transactions on Multimedia, 2019, 21(4): 986 - 999.

[13] FU Y, WEI Y C, ZHOU Y Q, et al. Horizontal pyramid matching for person re-identification[C]. Proceedings of the Association for the Advance of Artificial Intelligence, AAAI Press, 2019, 33(01): 8295 - 8302.

[14] ZHAO L M, LI X, ZHUANG Y T, et al. Deeply - learned part-aligned representations for person re-identification [C]. Proceedings of the IEEE/CVF International Conference on Computer Vision, IEEE Computer Society, 2017: 3219 - 3228.

[15] SUN Y F, ZHENG L, LI Y L, et al. Learning part-based convolutional features for person re-identification[J]. IEEE Transactions on Pattern Analysis and Machine Intelligence, 2021, 43(3): 902 - 917.

[16] SANTORO A, RAPOSO D, BARRETT D G, et al. A simple neural network module for relational reasoning[C]. Proceedings of the International Conference on Neural Information Processing Systems, 2017: 4974 - 4983.

[17] PARK H, HAM B. Relation network for person re-identification[C]. Proceedings of the Association for the Advance of Artificial Intelligence, AAAI Press, 2020, 34 (07): 11839 - 11847.

[18] YE M, SHEN J, CRANDALL D J, et al. Dynamic dual-attentive aggregation learning for visible-infrared person re-identification [C]. Proceedings of the European Conference on Computer Vision, Springer, 2020: 229 - 247.

[19]　WANG G A, YANG S, LIU H Y, et al. High-order information matters: learning relation and topology for occluded person re-identification[C]. Proceedings of the IEEE/CVF Conference on Computer Vision and Pattern Recognition, IEEE Computer Society, 2020: 6449 – 6458.

[20]　HE K M, ZHANG X Y, REN S Q, et al. Deep residual learning for image recognition[C]. Proceedings of the IEEE/CVF Conference on Computer Vision and Pattern Recognition, IEEE Computer Society, 2016: 770 – 778.

[21]　YE M, SHEN J B, LIN G J, et al. Deep learning for person re-identification: a survey and outlook[J]. IEEE Transactions on Pattern Analysis and Machine Intelligence, 2021, 44(6): 2872 – 2893.

[22]　WU D, ZHENG S J, ZHANG X P, et al. Deep learning – based methods for person re-identification: a comprehensive review[J]. Neurocomputing, 2019, 337: 354 – 371.

[23]　YAO H T, ZHANG S L, HONG R C, et al. Deep representation learning with part loss for person re-identification[J]. IEEE Transactions on Image Processing, 2019, 28(6): 2860 – 2871.

[24]　ZHAO H Y, TIAN M Q, SUN S Y, et al. Spindle net: person re-identification with human body region guided feature decomposition and fusion[C]. Proceedings of the IEEE/CVF Conference on Computer Vision and Pattern Recognition, IEEE Computer Society, 2017: 1077 – 1085.

[25]　LIU W, ANGUELOV D, ERHAN D, et al. Ssd: single shot multibox detector [C]. Proceedings of the European Conference on Computer Vision, Springer, 2016: 21 – 37.

[26]　YE M, LAN X Y, LENG Q M, et al. Cross-modality person re-identification via modality-aware collaborative ensemble learning[J]. IEEE Transactions on Image Processing, 2020, 29: 9387 – 9399.

[27]　YE M, SHEN J B, SHAO L. Visible-infrared person re-identification via homogeneous augmented tri-modal learning[J]. IEEE Transactions on Information Forensics and Security, 2021, 16: 728 – 739.

[28]　ZHANG Z Z, LAN C L, ZENG W J, et al. Relation-aware global attention for person re-identification[C]. Proceedings of the IEEE/CVF Conference on Computer Vision and Pattern Recognition, IEEE Computer Society, 2020: 3186 – 3195.

[29]　SUN Y F, ZHENG L, DENG W J, et al. Svdne for pedestrian retrieval[C].

Proceedings of the IEEE/CVF International Conference on Computer Vision，IEEE Computer Society，2017：3800 – 3808.

[30] HERMANS A，BEYER L，LEIBE B. In defense of the triplet loss for person re-identification[J]. arXiv preprint arXiv：170307737，2017：1 – 17.

[31] SONG C F，HUANG Y，OUYANG W L，et al. Mask – guided contrastive attention model for person re-identification[C]. Proceedings of the IEEE/CVF Conference on Computer Vision and Pattern Recognition，IEEE Computer Society，2018：1179 – 1188.

[32] LI W，ZHU X T，GONG S G. Harmonious attention network for person re-identification[C]. Proceedings of the IEEE/CVF Conference on Computer Vision and Pattern Recognition，IEEE Computer Society，2018：2285 – 2294.

[33] WANG Y，WANG L Q，YOU Y R，et al. Resource aware person re-identification across multiple resolutions[C]. Proceedings of the IEEE/CVF Conference on Computer Vision and Pattern Recognition，IEEE Computer Society，2018：8042 – 8051.

[34] CHEN B H，DENG W H，HU J N. Mixed high – order attention network for person re-identification[C]. Proceedings of the IEEE/CVF International Conference on Computer Vision，IEEE Computer Society，2019：371 – 381.

[35] WANG C，ZHANG Q，HUANG C，et al. Mancs：a multi-task attentional network with curriculum sampling for person re-identification [C]. Proceedings of the European Conference on Computer Vision，Springer，2018：365 – 381.

[36] SUN Y F，ZHENG L，YANG Y，et al. Beyond part models：person retrieval with refined part pooling (and a strong convolutional baseline)[C]. Proceedings of the European Conference on Computer Vision，Springer，2018：480 – 496.

[37] TAY C P，ROY S，YAP K H. Aanet：attribute attention network for person re-identifications[C]. Proceedings of the IEEE/CVF Conference on Computer Vision and Pattern Recognition，IEEE Computer Society，2019：7134 – 7143.

[38] YANG W J，HUANG H J，ZHANG Z，et al. Towards rich feature discovery with class activation maps augmentation for person re-identification[C]. Proceedings of the IEEE/CVF Conference on Computer Vision and Pattern Recognition，IEEE Computer Society，2019：1389 – 1398.

[39] HOU R B，MA B P，CHANG H，et al. Interaction-and-aggregation network for person re-identification[C]. Proceedings of the IEEE/CVF Conference on Computer Vision and Pattern Recognition，IEEE Computer Society，2019：9317 – 9326.

[40] YANG Q Z, YU H X, WU A C, et al. Patch - based discriminative feature learning for unsupervised person re-identification [C]. Proceedings of the IEEE/CVF Conference on Computer Vision and Pattern Recognition, IEEE Computer Society, 2019: 3633 - 3642.

[41] QUAN R J, DONG X Y, WU Y, et al. Auto-reid: searching for a part-aware convnet for person re-identification[C]. Proceedings of the IEEE/CVF International Conference on Computer Vision, IEEE Computer Society, 2019: 3750 - 3759.

[42] FANG P F, ZHOU J M, ROY S, et al. Bilinear attention networks for person retrieval[C]. Proceedings of the IEEE/CVF International Conference on Computer Vision, IEEE Computer Society, 2019: 8030 - 8039.

[43] DAI Z, CHEN M Q, GU X D, et al. Batch dropblock network for person re-identification and beyond [C]. Proceedings of the IEEE/CVF International Conference on Computer Vision, IEEE Computer Society, 2019: 3691 - 3701.

[44] ZHOU K Y, YANG Y X, CAVALLARO A, et al. Omni-scale feature learning for person re-identification[C]. Proceedings of the IEEE/CVF International Conference on Computer Vision, IEEE Computer Society, 2019: 3702 - 3712.

[45] LUO H, JIANG W, ZHANG X, et al. Alignedreidd＋＋: dynamically matching local information for person re-identification[J]. Pattern Recognition, 2019, 94: 53 - 61.

[46] WANG D K, ZHANG S L. Unsupervised person re-identification via multi-label classification[C]. Proceedings of the IEEE/CVF International Conference on Computer Vision and Pattern Recognition, IEEE Computer Society, 2020: 10981 - 10990

[47] WANG G A, GONG S G, CHENG J, et al. Faster person re-identification[C]. Proceedings of the European Conference on Computer Vision, Springer, 2020: 275 - 292.

[48] ZHU K, GUO H Y, LIU Z W, et al. Identity - guided human semantic parsing for person re-identification[C]. Proceedings of the European Conference on Computer Vision, Springer, 2020: 346 - 363.

第4章 基于颜色鲁棒特征融合的行人重识别方法

在第3章全局关系网络对局部-全局关系特征学习的基础上,本章针对研究的第二个关键问题——行人重识别模型过度依赖颜色特征,提出了一种基于颜色通道控制的非局部注意力网络,以实现在监督模式下引导模型增强对颜色鲁棒特征的学习。

4.1 引 言

毫无疑问,颜色特征是计算机视觉任务中的关键特征之一。在行人重识别任务中,由于大多数样本的分辨率较低,难以进行有效的面部特征识别,因此更依赖于整体特征。然而,尽管基于深度学习的模型在提取鲁棒的图像表示方面取得了显著进展,但现有方法仍然低估了颜色特征在行人重识别任务中的重要性。即便在自然光照条件下,同一颜色在一天中的不同时段也会因人们的感知差异而产生客观差别,而图像采集设备间的色彩还原差异及偏好也进一步加剧了这种颜色差异性。大部分行人重识别方法都基于原始的色彩特征或特定色彩空间中的线索进行设计。然而,过度依赖颜色特征实际上削弱了深度学习模型获取其他有判别力的非颜色特征的能力,导致模型在应对光照变化及色彩相似性挑战时表现不佳,例如不同行人身着颜色相近的服饰或同一行人更换衣物等场景。图 4.1 展示了行人重识别基准图像集的样本,这些样本清晰地反映了因颜色相似性而导致的混淆情况。

为加强深度学习模型对颜色的区分能力,联合学习颜色特征(Jointly Learned Color Features,JLCF)[1]算法作为一种数据增强方法,基于已有的字典信息通过线性变换生成新的颜色特征。另一种数据增强方法,如基于风格迁移的重识别算法(Re-identification based on Style Transfer,STReID)[2]则在行人 ID 保持不变的情况下,将一种风格的图像转换为另一种风格的图像。以上方法的实验结果表明,对现有数据集进行数据增强是处理深度学习模型偏好问题的一种有效思路。数据增强是在不实质性地增加数据的情况下,让有

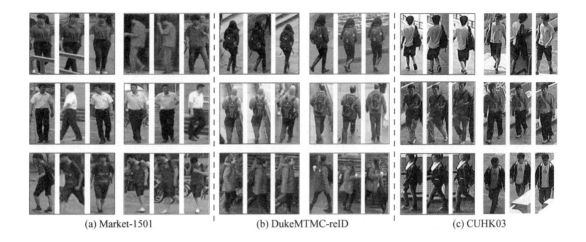

(a) Market-1501   (b) DukeMTMC-reID   (c) CUHK03

图 4.1 相似颜色在行人重识别任务中的干扰示意图

限的数据产生更多数据价值的数据集扩充方法。通过人工扩充训练集的规模,数据增强可以在一定程度上提升样本的多样性,从而降低模型学习过程中的过拟合风险。

常见的数据增强方法包括有监督数据增强与无监督数据增强。有监督数据增强是指在已有数据的基础上,采用预设的数据变换方式,如随机翻转、旋转、裁剪、变换、缩放、擦除、填充等,对数据集的规模进行扩大。除以上列举的方式以外,常见的有监督数据增强方式还包括噪声注入、模糊、颜色转换等。其中,随机翻转方法[3]适用于各种对方向不敏感的视觉类任务,如图像分类、识别等。随机裁剪方法也是一种常见的改变图像尺度的数据增强方法,通常在模型训练时使用。通常,随机擦除方法[4]会绘制一个大小可选、位置随机的矩形区域来产生黑色色块作为噪声注入,或者随机选择图像中的一个区域以擦除图像信息。除以上直接在输入样本上进行调整的方法外,混合多个样本像素级内容的混合样本数据增强(Mixed Sample Data Augmentation,MSDA)方法也是当前数据增强的一种方法。CutMix[5]是混合样本数据增强的代表方法,该方法将一部分物体图像区域抠出,再粘贴至另一个输入样本图像上,从而生成新的输入样本。

无监督数据增强是在不依赖监督标签的情况下生成新样本的方法,根据其出发点的不同大致可分为两类。第一类无监督数据增强方法通过学习输入数据的特征分布,随机生成与目标数据集风格相似的图像。这类方法主要包括基于生成对抗网络(Generative Adversarial Network,GAN)[6]及其变种网络的方法[7-9]。第二类无监督数据增强方法是依据数据集自身的特点选择适合的数据增强策略来进行数据增强,典型方法有合成少数类过采样技术(Synthetic Minority Over-sampling Technique,SMOTE)[10]与 AutoAugment[11, 12]。SMOTE 基于插值的方式,通过人工合成新样本来处理训练数据集中样本不平衡的问题,从而提升分类器的性能。AutoAugment[12]是谷歌公司提出的自动选择最优数据增强方案的方法，该方法通过创建搜索策略空间，并利用搜索算法选取适合特定数据集的数据增强策略。无监督数据增强是当前的一个重要研究方向，通过生成大量不含标签的数据，辅助神经网络在目标数据集上达到较高的验证精度[13]。

在基础深度学习模型方面，图像注意力机制在计算机视觉特征提取网络中逐渐显现出重要性。注意力机制最初是在机器翻译和自然语言处理领域中提出的，它通过计算不同单词的响应来输出整个句子的加权和。随后，注意力机制被引入计算机视觉任务中，其中也包括计算特征节点间依存关系的非局部注意力方法。近年来，一些研究采用非局部算法，增强了局部与全局的注意力计算能力，以捕获特征间的长距离依赖关系[14]。Xia 等人[15]使用局部算法来学习行人重识别任务中的空间-通道对应关系。类似地，Bryan 等人[16]结合了非局部算法与二阶统计量，以寻找特征节点之间的依赖关系。其他基于注意力机制的行人重识别算法还包括特征细化与过滤模型[17]、增强属性注意力模型[18]、异构局部图注意网络[19]、行人注意力金字塔模型[20]。而在本章提出的颜色特征融合网络（Color Feature Fusion Network，CFFNet）中，同样采用了非局部注意力方法。通过构建非局部注意力结构，该网络在全局范围内增强了图像上下文特征之间的关联，提高了对输入样本噪声的鲁棒性。

此外，多尺度特征学习也是行人重识别任务中经常采用的一类方法。深度学习模型通过提取图像样本在不同尺度下的特征，能够获得较为鲁棒的特征，从而提升模型的精度。例如，Jiao 等人[21]合并了多尺度语义相关的特征，以提取有判别力的特征。Li 等人[22]引入了一种多尺度特征学习方法，将学习到的时空特征整合成最终的表示形式。Zhu 等人[23]提出了一种具有相关性度量的多尺度深度特征学习（Multi-Scale Deep Features Learning with Correlation Metric，MDFLCM）模型，以处理行人重识别任务中的尺度问题。不同于之前的方法，本章基于不同尺度图像特征，从成对的关联图像区域中挖掘关系信息，以实现多尺度图像特征的融合。同时，结合对颜色鲁棒特征与多尺度图像特征的学习，本章提出了基于颜色通道控制的颜色特征融合网络。该网络利用多分支框架来联合学习基于关系感知的颜色鲁棒特征，旨在提升行人重识别模型在复杂场景下的性能。

本章的主要贡献如下。

（1）本章提出了一种基于颜色通道控制的颜色特征融合网络（CFFNet），用于增强多分支网络框架下基于关系感知的颜色鲁棒特征学习。该网络通过成对输入原始图像样本与通道调整后的图像样本，人为地引入颜色扰动信息，从而以有监督的方式有效地增强模型对非颜色图像特征的感知能力。

（2）本章提出了一种在一致性约束下对输入图像样本进行数据增强的方法。该方法通过对 RGB 颜色通道进行随机亮度与对比度调节，并对 RGB 通道进行随机调换，实现了对训练集 6 倍以上的扩充，有效缓解了深度学习训练集数据不足的问题，进而提升了行人重识别模型的泛化能力。

（3）本章提出了一种基于关系感知的非局部注意力模块。该模块利用基于注意力学习的模型在捕获长距离依赖关系方面的优势，联合挖掘不同粒度语义区域间的隐藏关联，以进一步提取对分类结果至关重要的深层次关系信息。这种设计有效增强了行人重识别模型在关系特征表示方面的能力。

4.2　CFFNet 的结构

本章提出的 CFFNet（其整体结构如图 4.2 所示）由两个结构相似的子网络组成，且每个子网络都嵌入了非局部注意力学习模块，以增强 CFFNet 对关键信息的捕捉能力。这两个子网络都采用了在 ImageNet[25] 上预训练的 ResNet50[25] 作为骨干网络。在网络中，GeM 代表广义平均池化，而 Max 则融合了最大池化与平均池化的特性。在本节的后续内容中，我们将详细探讨颜色通道控制网络和基于关系感知的非局部注意力模块（Relation-aware Non-local Attention Module，RNAM）的设计。

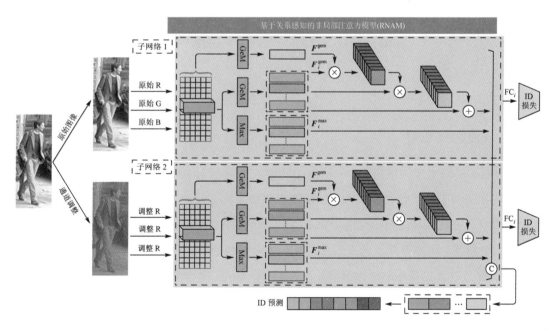

图 4.2　CFFNet 的整体结构

4.2.1 颜色鲁棒特征

1. 颜色通道调整算法

颜色通道调整的目的是在已有图像的基础上，通过颜色 RGB 通道随机调整或者调换来生成新的图像样本，从而实现对现有数据集的扩充。在本章中，我们提供两种基于通道的调整方案。方案 1 是对于任意输入样本，调整 RGB 任意通道上的亮度和对比度，以改变图像样本颜色并生成新的图像样本。方案 2 是对输入图像样本的颜色 RGB 通道进行随机调换，如图 4.3 所示。其中，方案 1 的核心是随机选择颜色通道进行亮度及对比度调整，以最终改变样本的颜色特征。这种图像生成方法有效扩充了训练样本集的规模。而方案 2 能够在原有图像集规模的基础上将数据集的规模扩充为原图像集的 6 倍，如图 4.4 所示。除扩充数据集规模外，颜色通道调整算法在一定程度上模拟了行人在不同光照条件下的表现及不同摄像头之间的颜色差异，这有助于网络学习颜色鲁棒特征。当前，训练样本不足已成为制约行人重识别技术发展的一个关键因素。颜色通道调整算法作为简单有效的数据增强方法，可以有效地对行人重识别训练集进行扩充，进而提升模型的泛化能力。

图 4.3　颜色 RGB 通道随机调换示意图

2. 双流网络设计

CFFNet 由两个子网络构成，子网络 1 的输入为原始 RGB 图像样本，子网络 2 的输入是经过随机通道调整后的图像样本。选择双流网络架构的主要考虑是通道随机调整可能影响颜色特征，进而影响模型的性能。在某些情况下，深度学习模型的性能更多地依赖非颜色特征，如图案、纹理等高级语义信息。因此，本章提出的方法采用双流网络结构来融合常规图像特征与对颜色鲁棒的图像特征。

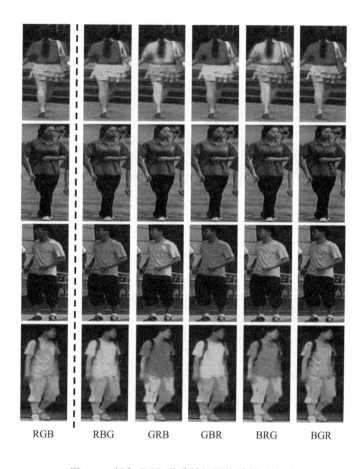

RGB　　　RBG　　　GRB　　　GBR　　　BRG　　　BGR

图 4.4　颜色 RGB 通道随机调换效果示意图

4.2.2　RNAM 模块的结构

参考非局部注意力网络[26]的设计，我们定义了一个通用的基于关系感知的非局部注意力模块，旨在通过学习局部特征和全局特征之间的关联来促进图像语义特征区域间信息的传递，公式如下：

$$y = \sum_{i=1}^{p} \left[\frac{1}{c(\boldsymbol{x}_i)} \sum_{\forall j} \varepsilon(\boldsymbol{x}_i, \boldsymbol{x}_j) \boldsymbol{W}(\boldsymbol{x}_j) + \boldsymbol{f}_i^{\max} \right] \tag{4.1}$$

其中，i 和 j 分别表示局部特征图与全局特征图中水平切片的通道位置索引，p 表示水平切片的最大数量，$\boldsymbol{x}_i$ 表示第 i 个输入特征，$\varepsilon(\boldsymbol{x}_i, \boldsymbol{x}_j)$ 用于计算特征 $\boldsymbol{x}_i$ 与 $\boldsymbol{x}_j$ 之间的相似度标量，$\boldsymbol{W}$ 表示需要学习的权值矩阵，$c(\boldsymbol{x}_i)$ 表示 $\boldsymbol{x}_i$ 的归一化函数，$\boldsymbol{f}_i^{\max}$ 表示 $\boldsymbol{x}_i$ 的局部最大池化特征，p 表示切片。

图 4.5 展示了 RNAM 模块的整体结构。图中，输入特征的初始尺寸为 $2048 \times H \times W$，其中，2048 为特征的通道数，H 与 W 分别表示特征的高度和宽度。对于圆圈内的运算符，

"×"表示矩阵乘法,"＋"表示按元素求和,"C"表示串联拼接。

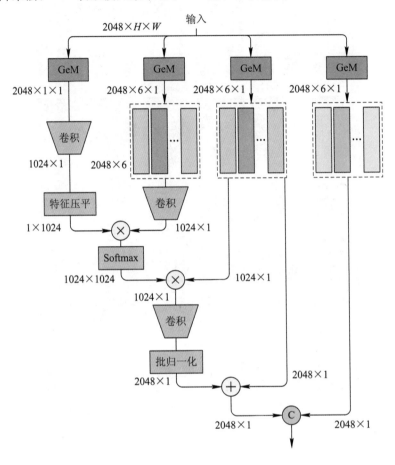

图 4.5 RNAM 模块的整体结构示意图

公式(4.1)详细描述了每个切片局部特征与全局特征的关联,并考虑了所有图像区域($\forall j$)。RNAM 模块的设计核心是综合利用局部特征和全局特征之间的注意力信息。同卷积算法相比,非局部注意力算法在获取长距离依赖关系方面更具优势。在传统的卷积算法中,用于计算局部权值的卷积核尺寸通常较小,大多小于 7×7。常见的卷积核尺寸为 5×5、3×3 或 1×1,这导致卷积核的视野域偏小。而 RNAM 模块通过引入非局部注意力运算,成功突破了卷积核视野域的限制,能够在整个行人图像全域范围内进行关系特征的提取与融合。

非局部注意力算法通过计算特征之间的关联来得到响应,这与全连接层(FC)的工作机制有所不同。FC 通常用于学习特征节点之间的权值,而本章所提出的算法则聚焦于挖掘不同区域之间的关联。作为一种灵活的非局部注意力学习模块,RNAM 模块可以方便地嵌入到卷积网络的分类层之前。该方法为探索图像局部与整体之间的关系提供了一种新的思路,并且支持不同尺度的特征作为输入。而 FC 的使用受到较多限制,它要求输入和输出都具备固定的规格，且不支持基于图像区域的响应计算。

如图 4.6 所示，由于 ResNet50 在后端所获取的特征较为显著，因此我们选择将 ResNet50 第 4 层之后的特征作为非局部注意力模块的输入。

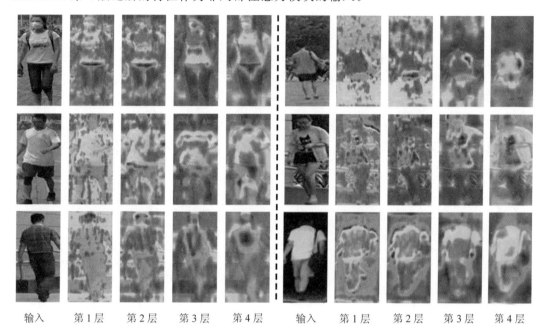

| 输入 | 第 1 层 | 第 2 层 | 第 3 层 | 第 4 层 | | 输入 | 第 1 层 | 第 2 层 | 第 3 层 | 第 4 层 |

图 4.6　ResNet50 分层可视化热力图

4.3　损 失 函 数

在本章中，我们同样采用交叉熵损失与三元组损失相结合的方式来训练模型。其中，交叉熵损失用于分类；三元组损失用于优化特征空间分布，使得目标特征的类间距离增大，同时类内距离减少。输出特征 $\tilde{y}_l$ 可定义为

$$\tilde{y}_l = \underset{c \in K}{\arg\max} \frac{\exp\left[(\boldsymbol{w}_i^c)^{\mathrm{T}} \boldsymbol{f}_i\right]}{\sum\limits_{n=1}^{K} \exp\left[(\boldsymbol{w}_i^n)^{\mathrm{T}} \boldsymbol{f}_i\right]} \tag{4.2}$$

其中，$\boldsymbol{f}_i$ 表示第 i 个样本的特征，$\boldsymbol{w}_i^k$ 表示模型权重矩阵中对应于第 i 个样本和第 k 个类别的权重向量，$\boldsymbol{w}_i^c$ 表示模型权重矩阵中对应于第 i 个样本和第 c 个类别的权重向量，K 表示样本 ID 的数量。

此外，三元组损失可定义为

$$L_{\text{triplet}} = -\sum_{k=1}^{K} \sum_{m=1}^{M} \left[\alpha + \max_{n=1,\cdots,M} \|\boldsymbol{q}_{k,m}^A - \boldsymbol{q}_{k,n}^P\|_2 - \min_{\substack{l=1,\cdots,K \\ n=1,\cdots,N \\ l \neq k}} \|\boldsymbol{q}_{k,m}^A - \boldsymbol{q}_{l,n}^N\|_2 \right]_+ \tag{4.3}$$

其中，K 和 M 分别表示每一训练批次中行人 ID 的数量和图像数量；α 表示控制正、负样本对之间距离的参数；$q_{i,j}^{A}$、$q_{i,j}^{P}$ 与 $q_{i,j}^{N}$ 分别表示锚样本、正样本与负样本所产生的特征，其中 i 和 j 分别表示行人 ID 和图像的索引下标。

4.4 实验与分析

为验证 CFFNet 在学习颜色鲁棒特征方面的有效性，我们在多个主流行人重识别基准数据集上对 CFFNet 进行验证，这些数据集包括 Market-1501、DukeMTMC-reID、CUHK03(Labeled/Detected)和 MSMT17 数据集。

4.4.1 实验环境设置

我们使用 PyTorch 框架来进行模型的实现及训练。在训练过程中，我们主要使用四块 Tesla P100 GPU，并采用自适应矩估计(Adam)算法的步进策略对模型进行优化。在训练环境方面，我们配置了 CUDA Toolkit 9.0 与 PyTorch 1.6。关键参数设置如下：最大训练轮次为 1000，训练批次数为 128，学习率为 0.1。此外，我们还采用了常规的热身策略及随机擦除技术，以进行数据增强。需要说明的是，以上环境参数适用于本节中的所有实验。

4.4.2 消融实验

1. 颜色通道调整策略的有效性

为验证颜色通道调整策略对行人重识别模型性能的影响，我们设计了一组消融实验，旨在对比在包含与不含颜色通道调整时模型的不同表现。在实验中，我们使用与子网络 1 相同的结构来替换子网络 2，构建了一个与 CFFNet 结构相似的基准模型，用于进行性能对比。图 4.7 所示为 CFFNet 与去除颜色通道随机调整的网络在 Market-1501 与 DukeMTMC-reID 数据集上的消融实验结果比较。由图中可以看出，在融合子网络 2 的非颜色特征之后，CFFNet 的识别精度显著提升。当两个子网络分支均采用子网络 1 的结构时，网络实际上处理的是两个相同类型的颜色特征。在这种情况下，模型的总体性能与单个子网络的性能相近，并没有明显的提升。然而，对于 CFFNet 而言，由于子网络 2 引入了非颜色特征作为新的扰动信息，通过将非颜色特征与颜色特征相融合，有效增强了模型对非颜色特征的鲁棒性，从而提升了行人重识别模型的性能。

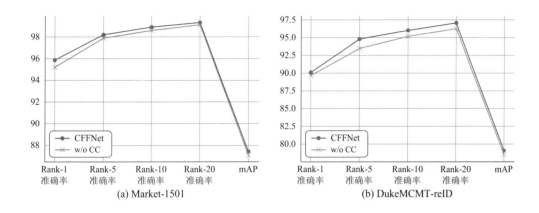

图 4.7　CFFNet 与去除颜色通道随机调整的网络（记为 w/o CC）在 Market-1501 与
DukeMTMC-reID 数据集上的消融实验结果比较

在另一组消融实验中，我们对比了两种调整策略（即颜色通道随机调整与颜色 RGB 通道随机调换）的最终性能。从理论层面分析，通过对颜色 RGB 三个通道进行随机调换，我们可以在保持原图像集规模不变的条件下，实现数据集规模的 6 倍扩充。这种通道值的互换操作并未改变原图像的实际内容，仅对其颜色通道的排列方式进行了调整。相较于单纯的通道数值随机交换，这种随机调整颜色通道的方式能够更有效地扩大数据集的规模，从而有助于提升后续图像分析或处理任务的泛化能力。消融实验的结果证实，颜色通道随机调整相比于简单的颜色 RGB 通道互换具有显著优势。

图 4.8 所示为颜色通道随机调整与颜色 RGB 通道随机调换策略在 Market-1501、DukeMTMC-reID、CUHK03（Labeled/Detected）与 MSMT17 数据集上的消融实验结果比较。图中，with CC 表示使用颜色通道随机调整，with CE 表示使用颜色 RGB 通道随机调换。图 4.8 表明，在相同的网络架构及实验环境条件下，这两种数据增强方法的最终性能

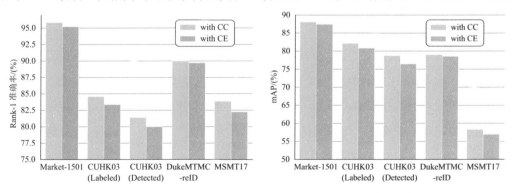

图 4.8　颜色通道随机调整与颜色 RGB 通道随机调换策略在 Market-1501、DukeMTMC-reID、
CUHK03（Labeled/Detected）与 MSMT17 数据集上的消融实验结果比较

存在差异,证明了颜色通道随机调整相比于颜色 RGB 通道随机调换是一种更为有效的数据增强方法。具体而言,在 Market-1501 数据集上,使用颜色通道随机调整在 Rank-1 准确率上比使用颜色 RGB 通道随机调换提高了 0.5%,同时 mAP 提高了 0.7%。

2. 双流架构设计的有效性

在本次实验中,我们比较了双流架构设计与单流架构设计的性能。如表 4.1 所示,通过对消融实验的结果进行分析可以看出,CFFNet 相较于每个独立子网均展现出了显著的性能优势。这是合理的,因为双流架构使 CFFNet 能够融合来自不同子网络的特征。特别值得注意的是,对比子网络 2(非颜色特征分支)与子网络 1(以原始图像为输入的网络分支)可以发现,子网络 2 的查询精度较低。虽然两个子网络均采用了相同的结构,但由于其输入数据不同,它们所获取的特征偏好也存在差异。而颜色通道的随机调整作为扰动信息的加入,增强了模型对非颜色图像特征的感知能力,从而有效提升了模型对颜色特征的鲁棒性。

表 4.1　CCFNet 与其子网络在 Market-1501、DukeMTMC-reID 与 MSMT17
数据集上的性能比较

方法	Market-1501		DukeMTMC-reID		MSMT17	
	Rank-1 准确率/(%)	mAP/(%)	Rank-1 准确率/(%)	mAP/(%)	Rank-1 准确率/(%)	mAP/(%)
子网络 1	95.2	87.1	89.7	78.4	82.5	56.1
子网络 2	94.7	86.4	89.2	75.9	82.2	54.4
CFFNet	**95.9**	**88.1**	**90.1**	**79.0**	**83.9**	**58.3**

在 Market-1501 数据集上,CFFNet 的性能优于独立的子网络 1 和子网络 2。具体而言,CFFNet 的 Rank-1 准确率分别超过子网络 1 与子网络 2 0.7% 与 1.2%,其 mAP 分别超过 1.0% 与 1.7%。在 DukeMTMC-reID 数据集上,CFFNet 的 Rank-1 分别以 0.4% 与 0.9% 的优势超越了子网络 1 与子网络 2,而 mAP 分别以 0.6% 与 3.1% 的优势超越了子网络 1 和子网络 2。在 MSMT17 数据集上,CFFNet 相较于子网络 1 和子网络 2,Rank-1 准确率分别提高了 1.4% 和 1.7%,而 mAP 分别提高 2.2% 和 3.9%。

图 4.9 展示了 CFFNet 与子网络 1 在 DukeMTMC-reID 数据集上测试集样本排序前 10 的查询结果。图中,蓝色框标出的是查询图像,红色框标出的是错误匹配的图像。通过比较图(a)的双流架构(CFFNet)和图(b)的单流架构(子网络 1),我们可以清晰地看到,CFFNet

的双流网络可显著地提高深度学习模型的性能。此外，对结果进行深入分析我们可以看出，在场景相对复杂的基准数据集 MSMT17 上，本章提出的 CFFNet 在识别精度展现出更明显的优势，这与大规模行人重识别任务在检索过程中更多依赖非颜色特征有关。

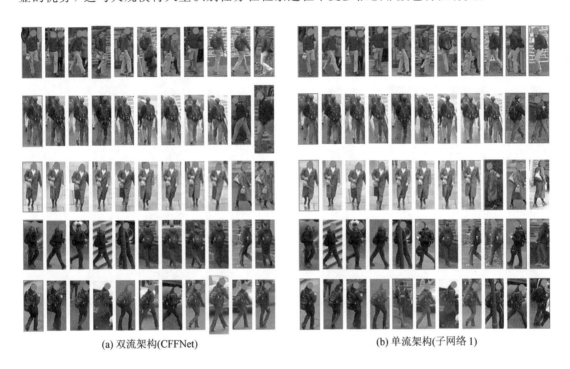

(a) 双流架构(CFFNet)　　　　　　　　　　(b) 单流架构(子网络 1)

图 4.9　CFFNet 与子网络 1 在 DukeMTMC-reID 数据集上测试集样本排序前 10 的查询结果

3. RNAM 模块的有效性

在 DukeMTMC-reID 与 CUHK03 数据集上，我们进行了消融实验，以验证 RNAM 模块的有效性。RNAM 模块通过在初始特征提取网络(ResNet50)后端加入非局部注意力层，增强了模型获取长距离特征间关联的能力。图 4.10 展示了 CFFNet 网络与 ResNet50 提取的热力图。其中，图(a)为原始图像，图(b)为 ResNet50 提取的热力图，图(c)为 CFFNet 提取的热力图。通过对比 ResNet50 和 CFFNet 提取的热力图，我们可以直观地看出，ResNet50 提取的特征主要集中于行人身体的最显著区域。这种情况是合理的，因为对于神经网络而言，当没有额外的约束条件时，网络会优先关注那些高级语义图像特征。然而，与 ResNet 不同，本章提出的 CFFNet 所提取的特征覆盖了目标行人的整体图像区域。在行人重识别这一涉及复杂逻辑推理的计算机视觉任务中，仅依赖单一特征或从某些特征推导出检索结果并不可靠。以行人常见的配饰——帽子为例，深度学习模型会学习到帽子这一显著且有效的识别特征。但如果模型过度依赖帽子这一显著特征进行判断，那么很可能会出现误判，因为模型在有限的数据样本中所学习到的独特特征并不具备通用性。为提高识别的准确率，一个较为合理的策略是结合同一目标行人身上的多项特征进行推理。从这一角度来分析，扩大模型所获得特征的覆盖范围是避免模型过于依赖某些特定特征的重要途径。对于本章所提出的模型来说，RNAM 模块有效地引导网络将注意力响应范围扩展至整个目标行人图像区域，从而增强了网络对细粒度图像特征，尤其是对四肢等非躯干部位特征的提取能力。

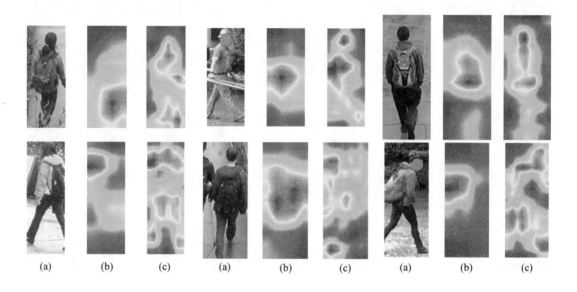

(a)　　　(b)　　　(c)　　　(a)　　　(b)　　　(c)　　　(a)　　　(b)　　　(c)

图 4.10　ResNet50 与 CFFNet 提取的热力图

在实验中，我们设计了一组消融实验，通过使用不同功能模块的组合来验证 RNAM 模块对模型精度的影响。这些实验包括包含或去除 RNAM 模块、使用颜色通道随机调整和双流网络结构等多种情况，以全面评估模型的性能。消融实验的结果表明，RNAM 模块对于提升模型精度起到了至关重要的作用，CFFNet 及其子网络在 CUHK03 和 DukeMTMC-reID 数据集上的性能比较如表 4.2 所示。其中，DS 代表双流架构设计，CC 代表颜色通道随机调整，NA 代表非局部注意力。从表 4.2 中可以看出，基于通道控制的双流架构设计与基于关系感知的非局部注意力学习的模型取得了最佳性能。不论模型采用双流架构还是单流架构，加入 RNAM 模块之后，均显著提高了模型的性能。简单来说，包含 RNAM 模块的模型在识别精度上明显优于未包含 RNAM 模块的模型，这一优势在双流架构设计和仅应用于单流分支的网络设计中均有所体现。这些数值结果充分证明了 RNAM 模块的有效性。

表 4.2　CFFNet 及其子网络在 CUHK03 和 DukeMTMC-reID 数据集上的性能比较

DS	CC	NA	CUHK03				DukeMTMC-reID	
			Labeled		Detected			
			Rank-1 准确率/(%)	mAP/(%)	Rank-1 准确率/(%)	mAP/(%)	Rank-1 准确率/(%)	mAP/(%)
			74.4	69.6	71.7	67.7	81.9	65.5
		✓	83.7	81.3	80.7	76.4	89.7	78.4
	✓		81.4	67.4	68.1	62.5	78.4	62.1
	✓	✓	76.8	78.3	76.7	74.6	89.2	75.6
✓	✓		76.8	72.1	73.5	68.7	82.4	65.9
✓	✓	✓	**84.6**	**82.8**	**81.4**	**78.8**	**90.1**	**79.0**

图 4.11 展示了部分图像样本在特征空间的可视化散点图，直观地呈现不同网络模型

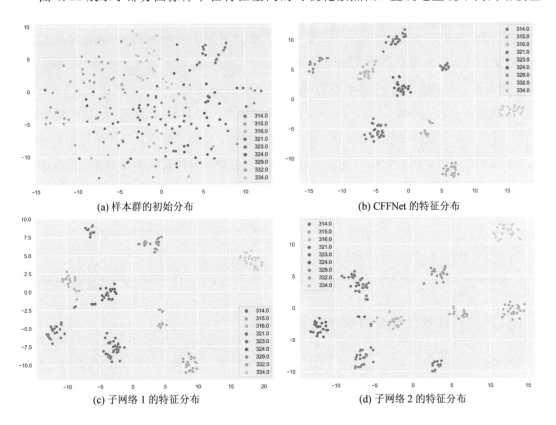

(a) 样本群的初始分布　　　　(b) CFFNet 的特征分布

(c) 子网络 1 的特征分布　　　　(d) 子网络 2 的特征分布

图 4.11　CFFNet 及其子网络在 DukeMTMC-reID 数据集上的可视化结果

所获得的特征分布情况。我们随机选择了 200 幅包含 9 个不同身份的图像,并使用不同颜色进行标识。图(a)展示了样本群的初始分布,(b)~(d)分别展示了 CFFNet 及其两个子网络的特征分布情况。这些可视化结果进一步支持了消融实验的分析,表明 RNAM 模块在优化特征分布和提高模型识别精度方面发挥了重要作用。

4. 补充信息的有效性

在基于关系感知的非局部注意力模块中,我们同时采用了两种池化方式:广义平均值池化(GeM)[27]与全局最大池化(GMP)。广义平均池化特征用于非局部注意力特征的计算,而全局最大池化特征作为非局部注意力特征的补充信息。广义平均池化是基于平均池化与最大池化的加权组合,是计算机视觉任务中一种常用的池化方法。与全局最大池化相比,广义平均池化结合了平均池化与全局最大池化的优点,不仅覆盖了整个图像区域,还展现出优异的特征提取性能。而全局最大池化在获取图像显著特征方面仍然具备优势,它可聚焦于对分类结果最具贡献的特征,而忽略其他非显著特征,因此全局最大池化特征适合作为 RNAM 模块的补充信息。

消融实验的结果表明,在 RNAM 模块中,全局最大池化特征是广义平均池化特征的有效补充,特别是在不使用关键点对齐算法的行人重识别方法中,全局最大池化特征尤为重要。表 4.3 展示了补充信息的有效性。在 DukeMTMC-reID 数据集上,去除 GeM 特征与 GMP 特征后,模型的 Rank-1 准确率与 mAP 均出现了显著的下降。具体而言,Rank-1 准确率分别下降了 1.4% 和 2.7%,mAP 分别下降了 3.8% 和 4.2%。因此,消融实验结果可证明,全局最大池化特征作为 RNAM 模块的补充信息,有助于模型进一步提高识别精度。

表 4.3　CFFNet(包含或去除 GeM 特征与 GMP 特征)在 DukeMTMC-reID 数据集上的性能比较

GeM	GMP	Rank-1 准确率/(%)	mAP/(%)
✓		88.7	75.2
	✓	87.4	73.8
✓	✓	**90.1**	**79.0**

5. 不同特征划分粒度对模型性能的影响

在本章提出的方法中,CFFNet 利用不同的池化方式学习基于局部特征的注意力关联。为验证不同特征划分粒度对模型性能的影响,本小节专门设计了两组消融实验进行对比分析。图 4.12 展示了在 DukeMTMC-reID 与 Market-1501 两个数据集上,不同特征划分粒度对 CFFNet 模型关键性能指标(Rank-1 准确率与 mAP)的影响。由图 4.12 可知,模型精度在特征粒度划分的初始阶段随着划分数量的增加而提升,但划分数量超过某一阈值之后,模型精度停止上升，甚至开始下降。这说明，在 CFFNet 模型中，适当的特征划分粒度有助于模型学习到更为精细的局部–全局图像特征关联，并在一定程度上缓解过拟合。但随着特征划分粒度的进一步细化，会导致细节信息丢失与特征不完整，从而降低特征的整体辨识能力，表现为模型精度的下降。因此，在实验中，我们选择将特征划分为 6 片，即将初始特征水平划分为 6 个小块后再进行后续处理。

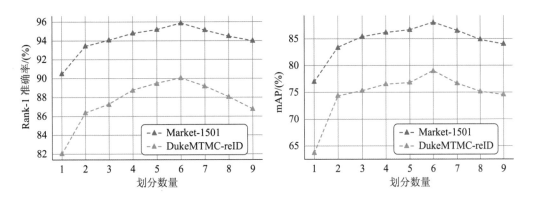

图 4.12　不同特征划分粒度在 DukeMTMC-reID 和 Market-1501 数据集上对 CFFNet 性能的影响

6. CFFNet 损失函数的收敛趋势

CFFNet 中同时使用了三元组损失及交叉熵损失两种损失函数。其中，交叉熵损失关注特征分类的准确性，而三元组损失有助于 CFFNet 在特征空间中形成更为理想的分布。图 4.13 展示了在 DukeMTMC-reID 数据集上，经过平滑处理后 CFFNet 损失函数的收敛趋势。从图中可以观察到，CFFNet 的损失函数在训练批次达到约 400 次之后获得了较好的

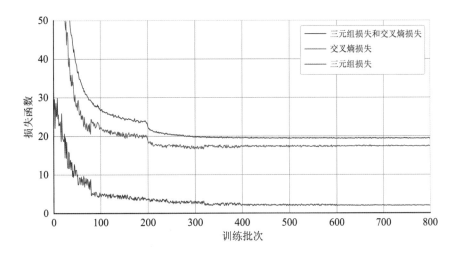

图 4.13　在 DukeMTMC-reID 数据集上经过平滑处理后 CFFNet 损失函数的收敛趋势示意图

收敛效果。这一结果表明，在训练过程中，两类损失相互约束，最终达到了平衡。

4.4.3　CFFNet 与其他先进方法的比较

本实验在多个行人重识别基准数据集上将 CFFNet 与目前先进的行人重识别方法进行了比较，并在表 4.4 与表 4.5 中列出了比较结果。表 4.4 展示了 CFFNet 与先进的行人重识别方法在 DukeMTMC-reID 与 MSMT17 数据集上的性能比较。表 4.5 展示了 CFFNet 与先进行人重识别方法在 Market-1501 与 CUHK03 数据集上的性能比较。在这两表中，粗体数字表示最优性能，下划线数字表示次优性能。关于评价标准，本章中的所有比较都是基于单查询模式进行的，且未进行重排序（根据以往研究，重排序会进一步提高查询精度）。

表 4.4　CFFNet 与先进的行人重识别方法在 DukeMTMC-reID 与

MSMT17 数据集上的性能比较

方　法		公开来源	DukeMTMC-reID		MSMT17	
			Rank-1 准确率/(%)	mAP /(%)	Rank-1 准确率/(%)	mAP /(%)
基于注意力学习的方法	HA-CNN[28]	CVPR2018	80.5	63.8	—	—
	Mancs[29]	ECCV2018	84.9	71.8	—	—
	MHN(PCB)[30]	ICCV2018	89.1	77.2	—	—
	ABD-Net[31]	ICCV2019	89.0	<u>78.6</u>	<u>82.3</u>	**60.8**
	BAT-net[32]	ICCV2019	87.7	77.3	79.5	56.8
	RGA-SC[33]	CVPR2020	—	—	80.3	57.5
	AGW[34]	TPAMT2021	89.0	79.6	68.3	49.3
其他方法	PCB+RPP[35]	ECCV2018	83.3	69.2	68.2	40.4
	MGN[36]	ACM2018	88.7	78.4	—	—
	HPM[37]	AAAI2019	86.6	74.3	—	—
	BFE[38]	ICCV2019	88.9	75.9	78.8	51.5
	OSNet[39]	CVPR2019	88.6	73.5	78.7	52.9
	RelationNet[40]	AAAI2020	<u>89.7</u>	<u>78.6</u>	—	—
	ADC(2O-IB)[41]	CVPR2021	87.4	74.9	—	—
	Baseline 网络	—	79.9	63.5	49.1	22.2
	CFFNet	—	**90.1**	**79.0**	**83.9**	<u>58.3</u>

表 4.5　CFFNet 与先进的行人重识别方法

在 Market-1501 与 CUHK03 数据集上的性能比较

方 法		公开来源	Market-1501		CUHK03			
					Labeled		Detected	
			Rank-1 准确率 /(%)	mAP /(%)	Rank-1 准确率 /(%)	mAP /(%)	Rank-1 准确率 /(%)	mAP /(%)
基于注意力学习的方法	MGCAM[42]	CVPR2018	83.8	74.3	50.1	50.2	46.7	46.9
	HA-CNN[28]	CVPR2018	91.2	75.7	44.4	41.0	41.7	38.6
	Mancs[29]	ECCV2018	93.1	82.3	69.0	63.9	65.5	60.5
	MHN(PCB)[30]	ICCV2018	95.1	85.0	77.2	72.4	71.7	65.4
	ABD-Net[31]	ICCV2019	95.6	88.2	—	—	—	—
	BAT-net[32]	ICCV2019	95.1	84.7	78.6	76.1	76.2	73.2
	RGA-SC[33]	CVPR2020	**96.1**	88.4	<u>81.1</u>	77.4	79.6	74.5
	AGW[34]	TPAMT2021	95.1	87.8	—	—	63.6	62.0
其他方法	PCB+RPP[35]	ECCV2018	93.8	81.6	63.7	57.5	—	—
	MGN[36]	ACM2018	95.7	86.9	68.0	67.4	66.8	66.0
	HPM[37]	AAAI2019	94.2	82.7	63.9	57.5	—	—
	BFE[38]	ICCV2019	95.3	86.7	—	—	76.4	73.5
	DSA-reID[43]	CVPR2019	95.7	87.6	78.9	75.2	78.2	73.1
	OSNet[39]	CVPR2019	94.8	84.9	—	—	72.3	67.8
	RelationNet[40]	AAAI2020	95.1	**88.9**	77.9	75.6	74.4	69.6
	ISP[44]	ECCV2020	95.3	<u>88.6</u>	75.2	71.4	76.5	74.1
	ADC(2O-IB)[41]	CVPR2021	94.8	87.7	80.6	<u>79.3</u>	<u>81.3</u>	**84.1**
	Baseline 网络	—	90.3	77.0	71.9	67.6	68.7	64.4
	CFFNet	—	<u>95.9</u>	88.1	**84.6**	**82.2**	**81.4**	<u>78.8</u>

对比结果表明,CFFNet 在除 Market-1501 外的多个行人重识别基准数据集上的性能达到或超越了大多数先进的行人重识别方法。值得注意的是,因为 MSMT17 与 DukeMT-MC-reID 数据集包含较大比例的姿态变化、背景杂乱、遮挡等场景,所以相比于其他数据集,其检索难度更高。作为目前规模最大的公开行人重识别基准数据集,MSMT17 数据集因其庞大的规模与复杂度,模型在该数据集上的性能比较具有更高的参考价值。

对于基于注意力学习的方法，在 CUHK03（Labeled）数据集上，CFFNet 的 mAP 与 Rank-1 准确率分别超过了 RGA-SC 方法 4.8％ 与 3.5％。在 CUHK03（Detected）数据集上，CFFNet 的 mAP 和 Rank-1 准确率分别超过了 RGA-SC 方法 4.3％ 和 1.8％ 。而在 MSMT17 数据集上，CFFNet 的 Rank-1 准确率超过了 ABD-Net 方法 1.6％。与非注意力学习方法相比，在 DukeMTMC-reID 数据集上，CFFNet 的 Rank-1 准确率和 mAP 分别超过了 RelationNet 方法 0.4％ 和 0.4％。表 4.4 与表 4.5 中所列的大多数方法[29, 31, 35, 36, 37, 38, 43]采用了 ResNet50 作为骨干网络，另一部分方法[30, 32, 39, 42, 44]则采用了性能更为出色的基线网络作为骨干网络。值得注意的是，ABD-Net 方法与 CFFNet 在网络设计上有着相似之处，它们都采用了注意力机制。然而，两者的不同之处在于，ABD-Net 方法同时采用了两种注意机制，即通道注意力与空间注意力；CFFNet 虽未显式使用空间注意力学习方法，但在特征分割过程中隐含了关联空间信息。

4.5　本章小结

在本章中，我们提出了基于颜色通道控制的非局部注意力网络 CFFNet，旨在解决基于深度学习的行人重识别模型对颜色特征过度依赖的问题。该方法本质上提供了一种在一致性约束下的数据增强方法，使得现有的行人重识别训练集能够扩充 6 倍以上。通过将常规图像样本与经过颜色通道调整后的图像样本成对输入，我们人为地加入了颜色扰动信息，从而有效增强了非局部注意力模型获取非颜色图像特征的能力。这种做法使得模型在监督学习的方式下能够进一步挖掘对颜色鲁棒的特征。颜色通道随机调整与颜色 RGB 通道随机调换模拟了行人在不同光照条件下的表现及不同摄像头之间的颜色差异，这增强了模型最终特征对颜色的鲁棒性，进而有效提升了深度学习模型的泛化能力。最后，通过消融实验，我们验证了 CFFNet 中各部分的有效性，而对比实验的结果也表明，CFFNet 在多个基准数据集上均展现出了具有竞争力的性能。

参 考 文 献

[1] VARIOR R R, WANG G, LU J, et al. Learning invariant color features for person re-identification[J]. IEEE Transactions on Image Processing, 2016, 25(7)：3395 – 3410.

[2] CHONG Y W, PENG C W, ZHANG J J, et al. Style transfer for unsupervised domain-adaptive person re-identification[J]. Neurocomputing, 2021, 422：314 – 321.

[3]　LIN Z Q, SUN J, DAVIS A, et al. Visual chirality[C]. Proceedings of the IEEE/ CVF Conference on Computer Vision and Pattern Recognition, IEEE Computer Society, 2020: 12295 – 12303.

[4]　ZHONG Z, ZHENG L, KANG G L, et al. Random erasing data augmentation[C]. Proceedings of the Association for the Advance of Artificial Intelligence, AAAI Press, 2020, 34(07): 13001 – 13008.

[5]　YUN S, HAN D, OH S J, et al. Cutmix: regularization strategy to train strong classifiers with localizable features[C]. Proceedings of the IEEE/CVF International Conference on Computer Vision, IEEE Computer Society, 2019: 6023 – 6032.

[6]　ZHENG Z D, YANG X D, YU Z D, et al. Joint discriminative and generative learning for person re-identification[C]. Proceedings of the IEEE/CVF International Conference on Computer Vision and Pattern Recognition, IEEE Computer Society, 2019: 2138 – 2147.

[7]　ZHANG X Y, JING X Y, ZHU X K, et al. Semi-supervised person re-identification by similarity-embedded cycle gans[J]. Neural Computing and Applications, 2020, 32(17): 14143 – 14152.

[8]　KNIAZ V V, KNYAZ V A, HLADUVKA J, et al. Thermalgan: multimodal color-to-thermal image translation for person re-identification in multispectral dataset[C]. Proceedings of the European Conference on Computer Vision Workshops, Springer, 2018: 606 – 624.

[9]　PENG X, TANG Z Q, YANG F, et al. Jointly optimize data augmentation and network training: adversarial data augmentation in human pose estimation[C]. Proceedings of the IEEE/CVF International Conference on Computer Vision and Pattern Recognition, IEEE Computer Society, 2018: 2226 – 2234.

[10]　CHAWLA N V, BOWYER K W, Hall L O, et al. Smote: synthetic minority over-sampling technique[J]. Journal of Artificial Intelligence Research, 2002, 16(1): 321 – 357.

[11]　HATAYA R, ZDENEK J, YOSHIZOE K, et al. Faster autoaugment: learning augmentation strategies using backpropagation[C]. Proceedings of the European Conference on Computer Vision, Springer, 2020: 1 – 16.

[12]　CUBUK E D, ZOPH B, MANE D, et al. Autoaugment: learning augmentation strategies from data[C]. Proceedings of the IEEE/CVF International Conference on Computer Vision and Pattern Recognition, IEEE Computer Society, 2019:

113 – 123.

[13]   LUO C C, SONG C F, ZHANG Z X. Generalizing person re-identification by camera-aware invariance learning and cross-domain mixup[C]. Proceedings of the European Conference on Computer Vision, Springer, 2020: 224 – 241.

[14]   ZHU F, FANG C, MA K K. Pnen: pyramid non-local enhanced networks[J]. IEEE Transactions on Image Processing, 2020, 29: 8831 – 8841.

[15]   FAN X, LUO H, ZHANG X, et al. Scpnet: spatial-channel parallelism network for joint holistic and partial person re-identification[C]. Proceedings of the Asian Conference on Computer Vision, Springer, 2019: 19 – 34.

[16]   BRYAN B, GONG Y, ZHANG Y Z, et al. Second-order non-local attention networks for person re-identification [C]. Proceedings of the IEEE/CVF International Conference on Computer Vision, IEEE Computer Society, 2019: 3760 – 3769.

[17]   NING X, GONG K, LI W J, et al. Feature refinement and filter network for person re-identification[J]. IEEE Transactions on Circuits and Systems for Video Technology, 2021, 31(9): 3391 – 3402.

[18]   ZHANG J F, NIU L, ZHANG L Q. Person re-identification with reinforced attribute attention selection[J]. IEEE Transactions on Image Processing, 2021, 30: 603 – 616.

[19]   ZHANG Z, ZHANG H J, LIU S. Person re-identification using heterogeneous local graph attention networks[C]. Proceedings of the IEEE/CVF International Conference on Computer Vision and Pattern Recognition, IEEE Computer Society, 2021: 12136 – 12145.

[20]   CHEN G Y, GU T P, LU J W, et al. Person re-identification via attention pyramid [J]. IEEE Transactions on Image Processing, 2021, 30: 7663 – 7676.

[21]   JIAO S S, PAN Z S, HU G Y, et al. Multi-scale and multi-branch feature representation for person re-identification [J]. Neurocomputing, 2020, 414: 120 – 130.

[22]   LI J N, ZHANG S L, HUANG T J. Multi-scale temporal cues learning for video person re-identification[J]. IEEE Transactions on Image Processing, 2020, 29: 4461 – 4473.

[23]   ZHU D D, ZHOU Q Q, HAN T, et al. Towards multi-scale deep features learning with correlation metric for person re-identification[J]. Knowledge-Based Systems,

2020，213(99)：106675 - 106687.

[24] 　 HE K M，ZHANG X Y，REN S Q，et al. Deep residual learning for image recognition［C］. Proceedings of the IEEE/CVF International Conference on Computer Vision and Pattern Recognition，IEEE Computer Society，2016：770 - 778.

[25] 　 DENG J，DONG W，SOCHER R，et al. Imagenet：a large-scale hierarchical image database［C］. Proceedings of the IEEE/CVF International Conference on Computer Vision and Pattern Recognition，IEEE Computer Society，2009：248 - 255.

[26] 　 WANG X L，GIRSHICK R，GUPTA A，et al. Non-local neural networks［C］. Proceedings of the IEEE/CVF International Conference on Computer Vision and Pattern Recognition，IEEE Computer Society，2018：7794 - 7803.

[27] 　 RADENOVIĆ F，TOLIAS G，CHUM O. Fine-tuning CNN image retrieval with no human annotation［J］. IEEE Transactions on Pattern Analysis and Machine Intelligence，2017，41(7)：1655 - 1668.

[28] 　 LI W，ZHU X T，GONG S G. Harmonious attention network for person re-identification［C］. Proceedings of the IEEE/CVF Conference on Computer Vision and Pattern Recognition，IEEE Computer Society，2018：2285 - 2294.

[29] 　 WANG C，ZHANG Q，HUANG C，et al. Mancs：a multi-task attentional network with curriculum sampling for person re-identification［C］. Proceedings of the European Conference on Computer Vision，Springer，2018：365 - 381.

[30] 　 CHEN B H，DENG W H，HU J N. Mixed high-order attention network for person re-identification［C］. Proceedings of the IEEE/CVF International Conference on Computer Vision，IEEE Computer Society，2019：371 - 381.

[31] 　 CHEN T L，DING S J，XIE J Y，et al. Abd-net：attentive but diverse person re-identification［C］. Proceedings of the IEEE/CVF International Conference on Computer Vision，IEEE Computer Society，2019：8351 - 8361.

[32] 　 FANG P F，ZHOU J M，ROY S，et al. Bilinear attention networks for person retrieval［C］. Proceedings of the IEEE/CVF International Conference on Computer Vision，IEEE Computer Society，2019：8030 - 8039.

[33] 　 ZHANG Z Z，LAN C L，ZENG W J，et al. Relation-aware global attention for person re-identification［C］. Proceedings of the IEEE/CVF Conference on Computer Vision and Pattern Recognition，IEEE Computer Society，2020：3186 - 3195.

[34] 　 YE M，SHEN J B，LIN G J，et al. Deep learning for person re-identification：a

survey and outlook [J]. IEEE Transactions on Pattern Analysis and Machine Intelligence, 2021, 44(6): 2872 – 2893.

[35] SUN Y F, ZHENG L, YANG Y, et al. Beyond part models: person retrieval with refined part pooling (and a strong convolutional baseline) [C]. Proceedings of the European Conference on Computer Vision, Springer, 2018: 480 – 496.

[36] WANG G G, YUAN Y F, CHEN X, et al. Learning discriminative features with multiple granularities for person re-identification [C]. Proceedings of the ACM International Conference on Multimedia, 2018: 274 – 282.

[37] FU Y, WEI Y C, ZHOU Y Q, et al. Horizontal pyramid matching for person re-identification [C]. Proceedings of the AAAI Conference on Artificial Intelligence, AAAI Press, 2019, 33(01): 8295 – 8302.

[38] DAI Z Z, CHEN M Q, GU X D, et al. Batch dropblock network for person re-identification and beyond [C]. Proceedings of the IEEE/CVF International Conference on Computer Vision, IEEE Computer Society, 2019: 3691 – 3701.

[39] ZHOU K Y, YANG Y X, CAVALLARO A, et al. Omni-scale feature learning for person re-identification [C]. Proceedings of the IEEE/CVF International Conference on Computer Vision, IEEE Computer Society, 2019: 3702 – 3712.

[40] PARK H, HAM B. Relation network for person re-identification [C]. Proceedings of the Association for the Advance of Artificial Intelligence, AAAI Press, 2020, 34 (07): 11839 – 11847.

[41] ZHANG A G, GAO Y M, NIU Y Z, et al. Coarse-to-fine person re-identification with auxiliary – domain classification and second-order information bottleneck [C]. Proceedings of the IEEE/CVF Conference on Computer Vision and Pattern Recognition, IEEE Computer Society, 2021: 598 – 607.

[42] SONG C F, HUANG Y, OUYANG W L, et al. Mask-guided contrastive attention model for person re-identification [C]. Proceedings of the IEEE Conference on Computer Vision and Pattern Recognition, IEEE Computer Society, 2018: 1179 – 1188.

[43] ZHANG Z Z, LAN C L, ZENG W J, et al. Densely semantically aligned person re-identification [C]. Proceedings of the IEEE/CVF Conference on Computer Vision and Pattern Recognition, IEEE Computer Society, 2019: 667 – 676.

[44] ZHU K, GUO H Y, LIU Z Z, et al. Identity-guided human semantic parsing for person re-identification [C]. Proceedings of the European Conference on Computer Vision, Springer, 2020: 346 – 363.

第5章 基于人体姿态估计信息引导与区域特征融合的遮挡行人重识别方法

本章在第 3 章全局关系网络的基础上，针对待研究的第三个关键问题——遮挡场景的行人重识别方法难以适配常规重识别场景且缺乏通用性，提出了一种基于人体姿态信息引导与区域特征融合的遮挡行人重识别方法。该方法通过使用人体姿态估计信息来引导局部特征与全局特征在不同粒度上进行融合，从而获得具有良好判别性的图像特征。这一设计有助于减轻遮挡物噪声对模型最终特征的影响，使模型在多个遮挡行人重识别数据集及常规行人重识别数据集上均能够取得有竞争力的性能。

5.1 引 言

在行人重识别模型所需要处理的日常场景中，遮挡是一类较为特殊的场景。如图 5.1 所示，行人在街头或室内活动时，易被固定或移动的障碍物局部遮挡。常见的遮挡物包括汽车、路灯杆、垃圾桶、行李箱等。针对常规场景的行人重识别方法[1, 2, 3]并未针对遮挡场景进行优化，在特征学习的过程中容易将遮挡物图像特征与目标行人特征混淆。因此，在面对遮挡比例较高的数据集时，常规行人重识别方法往往难以取得理想的识别精度。

目前，学术界在解决行人重识别任务中的遮挡问题时，主要存在两种不同的研究思路。第一种思路是局部式行人重识别，其核心思想在于对包含遮挡物的图像进行裁切预处理，通过手动或自动的方式对包含遮挡物的图像位置进行剪切，然后将剩余的图像作为深度学习模型的输入。换言之，局部式行人重识别方法的核心任务是处理经裁切处理后的不完整行人图像，其研究重点集中于如何解决因裁切所导致的人体关键点不对齐问题。然而，由于对包含遮挡物的图像位置的处理效果最终取决于手工或自动裁切的精度，因此这种方法容易受到人工偏好或检测算法精度的影响。第二种处理遮挡问题的研究思路是遮挡式行人重识别。这一类方法将遮挡物视为完整图像的一部分，试图通过模型的自主学习，使其具备过滤遮挡物特征或缓解噪声干扰的能力。从实现路径上看，遮挡式行人重识别没有对遮挡位置进行裁切预处理，更贴近实际应用场景，但其特征学习的算法复杂度通常更高。

图 5.1　行人重识别遮挡场景示意图

如图 5.2(a)所示，未经引导的 ResNet50 在 DukeMTMC-reID 数据集上训练完成后，其关注点集中于包含遮挡物的图像区域，而忽略了人体所在的图像区域。从某种意义上来说，这是模型训练的一个合理结果。深度学习模型倾向于从输入图像中学习与分类结果强关联的显著特征，进而实现目标分类。然而，未经标识的遮挡物特征因其较高的出现频率（尤其是在固定位置摄像头采集的数据中），易被深度学习模型误判为重要的检索线索。对于基于局部特征提取的深度学习方法而言，深度学习模型主要关注特定的局部图像区域，因此它往往无法有效区分遮挡物特征与人体特征。这导致模型可能会被限制在完全遮挡的局部图像区域中进行学习，从而无法获取到有用的信息。实际上，噪声信息不仅无法帮助模型有效地确定行人身份，反而增加了基于局部特征的行人重识别方法学习的难度。

为了应对这一问题，Zhou 等人[4]提出了行人躯干注意力学习（Attention Framework of Person Body，AFPB）网络。该网络通过在常规样本上模拟遮挡场景来对深度学习模型进行训练。此外，他们提出的遮挡行人重识别数据集（Occluded-ReID）也进一步引起了研究者们对遮挡问题的关注。随后，该研究团队又在 AFPB 网络基础上进一步引入了监督学习机制，在原有网络架构上增加了监督学习网络，通过预训练模型引导深度学习模型进行特征学习，进一步提升了模型的识别性能。AFPB 的主要思路是通过特征学习来抑制被遮挡图像区域的特征表达，以获取有效的全局特征。然而，此类全局特征方法仍然面临着空间信息缺失的问题。

为解决这一问题，Fan 等人[5] 提出了空间通道并行网络（Spatial-Channel Parallelism Network，SCPNet）。该网络通过对水平切分的局部特征与全局特征在不同通道进行特征融合，将空间信息引入模型，从而降低了遮挡物特征对整体特征表达的影响。此外，He 等人[6] 提出了前景驱动金字塔重建（Foreground-Aware Pyramid Reconstruction，FPR）算法，该算法加入了前景分割预处理信息，通过在不同尺度上进行特征学习，有效地解决了行人前景被遮挡的问题。除前景分割信息外，在解决遮挡问题的方法中，人体姿态估计信息也被用于指示图像中的遮挡区域。

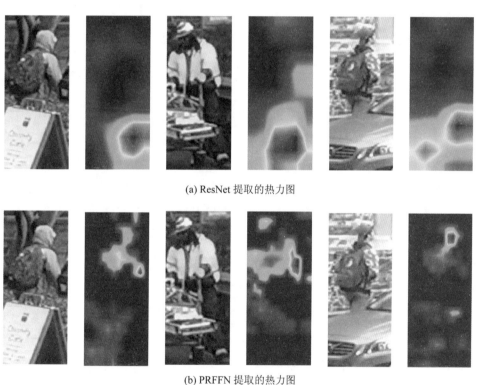

(a) ResNet 提取的热力图

(b) PRFFN 提取的热力图

图 5.2　模型提取的热力图

受以上方法的启发，本章针对行人重识别中的遮挡问题，提出了基于人体姿态估计信息引导的区域特征融合网络（Pose-guided Region-based Features Fusion Network，PRFFN）（其提取的热力图如图 5.2（b）所示）。PRFFN 主要由以下三个核心模块构成：基于骨干网络的特征提取网络（Feature Extraction Network，FEN），它负责从输入样本中提取原始特征图；基于人体姿态估计信息引导的特征提取网络（Pose-guided Feature Extraction

Network，PFEN），该网络用于获取人体姿态估计信息，并据此生成相应的特征图；基于区域的特征融合网络（Region-based Features Fusion Network，RFFN），它负责对以人体姿态估计信息为引导的全局特征与切片后的局部特征进行编码，引导模型关注行人图像中未被遮挡的身体部位。通过融合人体姿态估计信息引导的特征与常规图像特征，并在不同粒度上进行融合，深度学习模型可获得更为全面且显著的图像特征。此外，人体姿态估计信息及人为构建的匹配特征对共同增强了深度学习模型对前景及背景噪声的鲁棒性。

本章主要贡献如下。

（1）本章提出了一种基于人体姿态估计信息引导的区域特征融合网络。该网络利用人体姿态估计信息作为先验信息，以引导模型解决遮挡行人重识别问题。

（2）本章提出了一种基于图像局部区域的特征融合方法。该方法不仅考虑了人体结构信息，还更有效地利用了全局特征与局部特征之间的关联性。

（3）实验结果表明，本章提出的方法在多个常规行人重识别数据集及遮挡行人重识别数据集上均取得了有竞争力的识别精度。

5.2 PRFFN 的结构

本节主要介绍基于人体姿态估计信息引导的区域特征融合网络（PRFFN）的结构框架。PRFFN 主要由三部分构成：基于骨干网络的特征提取网络（FEN）、基于人体姿态估计信息引导的特征提取网络（PFEN）及基于区域的特征融合网络（RFFN）。本章所提出方法的主要思路在于同时考虑了行人身体结构信息及不同尺度下的特征融合，旨在获得鲁棒且具有判别力的人体图像特征。通过在输入样本中使用不同的特征提取算法并在不同尺度上对多个来源的特征进行融合，该方法能够帮助模型获取人体可见图像区域的识别线索，从而提高模型的识别性能。

5.2.1 FEN 模块

参考部分行人重识别方法，本章提出的方法采用了改进的 ResNet50[7] 框架的局部卷积基线（Part-based Convolutional Baseline，PCB）[1] 网络作为骨干网络。选择 PCB 的主要原因是残差网络具有竞争力的性能及相对简洁的网络结构。作为一种通用的行人重识别方法，本章提出的方法也可以采用其他特征提取网络作为骨干网络。在原始网络结构上，PRFFN 保留了骨干网络在平均池化层之前的主要结构。如图 5.3 所示，当输入图像经过特征提取网络之后，可输出原始激活张量，该张量将作为 PFEN 与 RFFN 的输入。

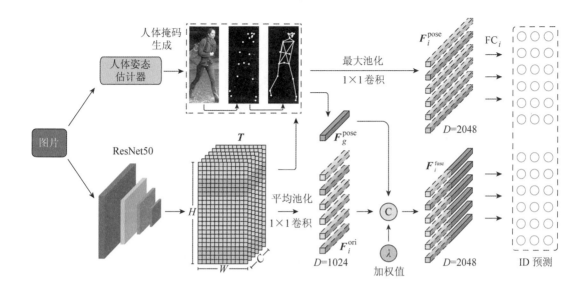

图 5.3　PRFFN 的框架

5.2.2　PFEN 模块

1. 人体姿态估计信息

本章所使用的人体姿态估计信息是通过预训练的 OpenPose[8] 模型来获取的。该模型在 CMU Panoptic Studio 数据集上进行了训练，可实现实时多人体关键点识别，并支持同时检测单个图像中的人体头部、躯干、手部、脚部等关键点（最多可支持 135 个人体关键点检测）。在设置姿态估计器 OpenPose 的参数时，我们综合考虑了效率与识别精度，最终选择了关键点数量为 25 的二维行人全身关键点估计设置。对于每个人体关键点，姿态估计器不仅给出了位置信息，还给出了关键点的置信度分数。

为判断目标行人关键点的可用性，我们设置了一个阈值 γ 来过滤低置信度分数的关键点。姿态估计器的输出如下：

$$\mathrm{LM}_i = \begin{cases} (cx_i, \ cy_i) & S_i^{\mathrm{conf}} \geqslant \gamma \\ 0 & S_i^{\mathrm{conf}} < \gamma \end{cases} \tag{5.1}$$

其中，LM_i 表示第 i（$i=1, \cdots, n$）个关键点的坐标信息，其坐标表示为（$cx_i, \ cy_i$）；S_i^{conf} 表示置信度分数。

在本章中，$\gamma=0.3$ 是我们为模型预定义的置信度分数阈值。当目标行人的身体部分被遮挡时，若姿态估计器预估结果中某关键点的 S_i^{conf} 低于 γ，则 $\mathrm{LM}_i=0$，表示对应的关键点将不被采用。最后，所有生成的关键点的特征依次被标记为 $\boldsymbol{M}_i$。

2. 人体姿态估计信息融合

PFEN 的目标是将人体结构信息与原始图像特征相结合。姿态估计模型所生成的人体姿态估计信息用于计算并输出热力图。PFEN 将这些热力图与原始图像特征相结合，从而获得人体姿态估计信息引导的特征 $\boldsymbol{F}^{\text{pose}}$。该特征主要基于目标行人的非遮挡区域信息，从而摒弃了前景及背景图像所在区域的图像特征。

热力图的生成参照文献[9]中的方法，具体是以给定的人体关键点坐标为中心，根据二维高斯分布生成相应的热力图。若 $\text{LM}_i=0$，则相应的热力图值设置为 0；若 $\text{LM}_i\neq0$，则依次生成热力图。随后，通过双线性插值将每个热力图降采样至所设定的特征图输出尺寸。

通过如图 5.4 所示的流程，模型在原始图像上通过特征提取网络生成的特征标记为 $\boldsymbol{F}^{\text{ori}}$。通过将生成的热力图与特征 $\boldsymbol{F}^{\text{ori}}$ 进行点乘操作，可获得人体姿态估计信息引导的特征。每一个生成的热力图均明确编码了目标区域的信息，因此所获得的人体姿态估计信息引导的特征可有效抑制来自被遮挡区域的图像特征，使模型更聚焦于人体关键点所在的局部区域。通过对所有关键点逐一进行计算，可获得关键点的特征 $\boldsymbol{M}_i$。随后，将所有特征 $\boldsymbol{M}_i$ 进行累加，得到全局姿态特征 $\boldsymbol{M}$。接着，$\boldsymbol{M}$ 作为包含人体姿态估计信息的特征，经过全局平均池化，得到一个 2048 维的全局人体姿态估计信息引导的特征 $\boldsymbol{F}_{\text{g}}^{\text{pose}}$。另一方面，利用全局最大池化对 $\boldsymbol{M}$ 进行水平切分，从而获得多个 2048 维的局部最大池化特征 $\boldsymbol{F}_i^{\text{pose}}$ $(i=1,\cdots,p)$，其中 p 为水平切分的数量。$\boldsymbol{F}_{\text{g}}^{\text{pose}}$ 被用于与从原始图像中提取的特征进行融合，而 $\boldsymbol{F}_i^{\text{pose}}$ 则作为行人重识别模型的补充信息，直接输入分类器进行行人 ID 预测。

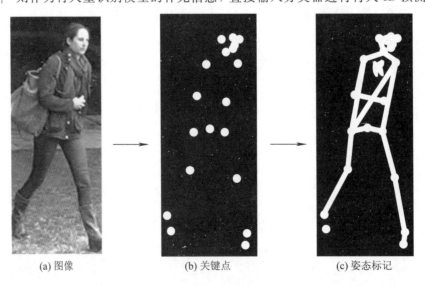

(a) 图像   (b) 关键点   (c) 姿态标记

图 5.4   人体姿态估计信息获取流程

5.2.3　RFFN 模块

从图像局部区域中提取的图像特征可以是行人重识别模型生成的较低级别的局部特征。现有的基于局部特征的行人重识别方法大多在训练阶段使用水平切分方式，使每部分的局部特征单独参与分类结果的预测，而在测试阶段则将生成的局部特征以特定顺序进行连接[1]。这种方式虽然能够获得具有判别力的目标行人图像特征，但存在不足，即它忽略了行人身体各部位之间的关联性。局部特征单独参与行人 ID 预测，一方面破坏了人体整体特征的完整性，另一方面导致在非切分方向上有价值的图像特征损失。为了解决这一问题，我们借鉴了 Spindle Net[10] 及其后续方法。Spindle Net 通过在不同尺度下对人体不同部位的局部特征进行融合，在部分行人重识别数据集上获得了有竞争力的识别精度。受此方法的启发，我们提出了一种基于区域特征融合的方法，该方法在考虑人体结构信息的同时，加入了图像的局部关联性。基于区域特征融合方法的流程如图 5.5 所示。该方法的核心在于将原始图像特征的各个子集与整体姿态引导的特征进行高效融合。通过这种方式，每个融合后的特征不仅能够反映其对应局部图像区域的细节信息，而且能够融入人体的结构信息。这种融合策略为模型后续在特征空间内挖掘潜在的关联信息提供了强有力的支持，从而增强了模型在复杂任务中的特征学习能力和分析能力。同时，包含人体姿态估计信息的局部特征作为全局特征的补充，直接应用于行人 ID 预测。

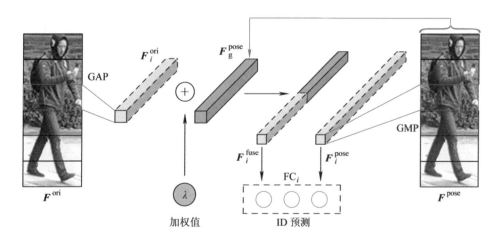

图 5.5　基于区域特征融合方法的流程示意图

基于区域的特征融合网络（RFFN）包括以下两个主要分支：

（1）首先，通过平均池化操作将特征 $\boldsymbol{F}^{\mathrm{ori}}$ 水平划分为 p 个局部特征 $\boldsymbol{F}_i^{\mathrm{ori}}$；然后，对每一个局部特征 $\boldsymbol{F}_i^{\mathrm{ori}}$ 进行线性加权，并与全局特征 $\boldsymbol{F}_{\mathrm{g}}^{\mathrm{pose}}$ 进行串联，输出融合后的特征 $\boldsymbol{F}_i^{\mathrm{fuse}}$。

（2）将特征 $\boldsymbol{F}^{\mathrm{pose}}$ 水平划分为 p 个局部特征 $\boldsymbol{F}_i^{\mathrm{pose}}$，并对每个局部特征 $\boldsymbol{F}_i^{\mathrm{pose}}$ 应用最大池化

操作。然后，将每个特征 $\boldsymbol{F}_i^{\mathrm{pose}}$ 和 $\boldsymbol{F}_i^{\mathrm{fuse}}$ 输入分类器，进行行人 ID 预测。

在具体实现上，RFFN 中存在两个独立的输入特征 $\boldsymbol{F}^{\mathrm{ori}}$ 和 $\boldsymbol{F}^{\mathrm{pose}}$。对特征进行处理的过程如下：

（1）通过对特征 $\boldsymbol{F}^{\mathrm{ori}}$ 使用全局平均池化来获得尺寸为 $2048 \times p \times 1$ 的特征；随后，沿垂直方向将得到的特征等分为 p 个尺寸为 $2048 \times 1 \times 1$ 的局部特征，以符号 $\boldsymbol{F}_i^{\mathrm{ori}}$ 来表示；接着，对每个 $\boldsymbol{F}_i^{\mathrm{ori}}$ 和 $\boldsymbol{F}_{\mathrm{g}}^{\mathrm{pose}}$ 进行 1×1 卷积操作以降维，输出 1024 维的特征；然后，对每个 $\boldsymbol{F}_i^{\mathrm{ori}}$ 与 $\boldsymbol{F}_{\mathrm{g}}^{\mathrm{pose}}$ 进行线性加权；最后，将加权后的局部特征 $\boldsymbol{F}_i^{\mathrm{ori}}$ 与 $\boldsymbol{F}_{\mathrm{g}}^{\mathrm{pose}}$ 进行串联，输出融合后的特征 $\boldsymbol{F}_i^{\mathrm{fuse}}$。

（2）对全局人体姿态估计信息引导的特征 $\boldsymbol{F}^{\mathrm{pose}}$ 进行水平平均切分，并对切分后的特征进行最大池化操作，输出尺寸为 $2048 \times p \times 1$ 的多个局部特征。随后以相同的方式对所获得局部特征进行进一步划分，并输出多个局部最大池化特征，最终获得 p 个尺寸为 $2048 \times 1 \times 1$ 的局部人体姿态估计信息引导的特征，标记为 $\boldsymbol{F}_i^{\mathrm{pose}}$。

最终获得的输入图像的全局特征 F 的构成如下所示：

$$F = \sum_i^p \boldsymbol{F}_i^{\mathrm{pose}} + \sum_i^p \mathrm{Li_{Cat}}(\boldsymbol{F}_i^{\mathrm{ori}}, \boldsymbol{F}_{\mathrm{g}}^{\mathrm{pose}}) \tag{5.2}$$

其中，$\mathrm{Li_{Cat}}$ 表示线性权重函数，用于融合原始局部特征和人体姿态估计信息引导的特征，函数中的权重由模型在训练过程中通过独立学习得到。

如图 5.5 所示流程，一方面，生成的全局特征中的一部分与人体姿态估计信息引导的特征相结合。通过最大池化操作，特征 $\boldsymbol{F}_i^{\mathrm{pose}}$ 在屏蔽被遮挡区域的同时，能够获得可见人体图像区域中具有判别力的图像特征。另一方面，RFFN 将经过线性加权的特征 $\boldsymbol{F}_i^{\mathrm{ori}}$ 与全局人体姿态估计信息引导的特征 $\boldsymbol{F}_{\mathrm{g}}^{\mathrm{pose}}$ 进行串联。在此过程中，预训练的人体姿态信息估计器生成的外部标注信息能够引导特征提取网络忽略大部分来自背景和前景的图像噪声。虽然这种做法可能失去部分图像细节，但同时也确保了行人身份检索中最为关键的图像区域得以保留。特征 $\boldsymbol{F}_i^{\mathrm{ori}}$ 和 $\boldsymbol{F}_{\mathrm{g}}^{\mathrm{pose}}$ 的权重由网络自主进行学习。加权后的特征与经全局平均池化后的人体姿态估计信息引导的特征相融合，最后以最大池化人体姿态估计信息引导的特征作为补充。这样，最终特征中既包含了局部-全局关系特征，又以最大池化人体姿态估计信息引导的特征作为关系特征的必要补充。

本章方法所采用的局部特征和全局特征的融合策略使得每个融合特征 $\boldsymbol{F}_i^{\mathrm{fuse}}$ 都既包含了其自身区域的特征，又融入了人体姿态估计信息引导的特征。通过这种方式，RFFN 以较为紧凑的结构高效地实现了不同区域间信息的传递。在训练阶段，模型所生成的每个局部特征均独立参与行人 ID 识别结果的预测；而在测试阶段，所有生成的单一特征串联起来构成最终的特征，用于行人身份识别。

5.3　损失函数

通过最小化交叉熵损失和三元组损失之和，每个局部特征在训练阶段均独立进行监督学习。而在测试阶段，所有局部特征经串联构成最终的图像特征。如前所述，行人重识别模型使用真实行人 ID 进行训练，其训练阶段的损失函数定义如下：

$$L_{\text{all}} = L_{\text{triplet}} + L_{\text{ce}} \tag{5.3}$$

其中，L_{triplet} 表示三元组损失，其具体值考虑了特征 $\boldsymbol{F}^{\text{ori}}$ 与 $\boldsymbol{F}^{\text{pose}}$ 的相对距离；L_{ce} 表示交叉熵损失，它分别计算了基于 $\boldsymbol{F}_i^{\text{fuse}}$ 和 $\boldsymbol{F}_i^{\text{pose}}$ 的预测行人 ID 与真实行人 ID 之间的误差。

对于单个特征 $\boldsymbol{F}_i^{\text{fuse}}$ 与 $\boldsymbol{F}_i^{\text{pose}}$，我们使用 Softmax 层进行行人 ID 预测。对于每一个输入图像，其基于区域的融合特征对应的交叉熵损失 L_{ce} 可表示为

$$L_{\text{ce}} = -\sum_i^p \sum y \log \widetilde{y}_1 \tag{5.4}$$

其中，$\widetilde{y}_1$ 与 y 分别表示预测行人 ID 与真实行人 ID，且 $\widetilde{y}_1$ 定义为

$$\widetilde{y}_1 = \underset{c \in K}{\arg\max} \frac{\exp\left[(\boldsymbol{w}_i^c)^{\text{T}} \boldsymbol{q}_i\right]}{\sum\limits_{k=1}^K \exp\left[(\boldsymbol{w}_i^k)^{\text{T}} \boldsymbol{q}_i\right]} \tag{5.5}$$

其中，$\boldsymbol{q}_i$ 表示第 i 个样本的特征，$\boldsymbol{w}_i^k$ 表示模型权重矩阵中对应于第 i 个样本和第 k 个类别的权重向量，$\boldsymbol{w}_i^c$ 表示模型权重矩阵中对应于第 i 个样本和第 c 个类别的权重向量，K 表示样本 ID 的数量。

在训练阶段，本章方法利用三元组损失来优化输入样本在特征空间中的分布。具体地，通过全局最大池化操作将 $\boldsymbol{F}^{\text{pose}}$ 映射成尺寸为 $2048 \times 1 \times 1$ 的特征。随后，该特征经过 1×1 卷积层进行降维，将 2048 维的特征降维至 1024 维，以便用于计算三元组损失。类似地，利用全局最大池化操作对 $\boldsymbol{F}^{\text{ori}}$ 进行降维，得到尺寸为 $2048 \times 1 \times 1$ 的特征，再经过 1×1 卷积将其降维为 512 维的特征，用于计算三元组损失。

三元组损失 L_{triplet} 的定义如下：

$$L_{\text{triplet}} = -\sum_{k=1}^K \sum_{m=1}^M \left[\alpha + \max_{n=1,\cdots,M} \|\boldsymbol{q}_{k,m}^A - \boldsymbol{q}_{k,n}^P\|_2 - \min_{\substack{l=1,\cdots,K \\ n=1,\cdots,N \\ l \neq k}} \|\boldsymbol{q}_{k,m}^A - \boldsymbol{q}_{l,n}^N\|_2\right]_+ \tag{5.6}$$

其中，K 和 M 分别表示每个训练批次中行人 ID 的数量和图像数量；α 表示控制正样本对与负样本对之间距离的参数；$\boldsymbol{q}_{i,j}^A$、$\boldsymbol{q}_{i,j}^P$、$\boldsymbol{q}_{i,j}^N$ 分别表示锚样本、正样本和负样本生成的特征，其中 i 与 j 分别表示行人 ID 与图像的索引下标。

三元组损失的目的是优化特征空间中的样本分布，使得锚样本与正样本在特征空间中

距离更近，而与负样本的距离更远，从而得到更为理想的特征分布。

5.4　实 验 与 分 析

5.4.1　实验环境设置

我们使用 PyTorch 框架来进行模型的实现及训练。在训练过程中，我们主要使用四块 Tesla P100 GPU，并采用自适应矩估计（Adam）算法的步进策略对模型进行优化。在训练环境方面，我们配置了 CUDA Toolkit 9.0 与 PyTorch 1.6。关键参数设置如下：最大训练轮次为 800，训练批次数为 128，学习率为 0.1。此外，我们还采用了常规的热身策略以及随机擦除技术，以进行数据增强。需要说明的是，以上环境参数适用于本节中的所有实验。

5.4.2　消融实验

1. 人体姿态估计信息引导特征的有效性

大量研究表明，局部特征学习可提高模型的识别能力，并降低模型在特征学习过程中的风险。然而，基于局部特征的方法也存在明显的不足。由于视野范围的缩小，当缺乏充分的注释时，深度学习模型容易受前景或背景图像噪声的干扰。在这种情况下，引入外部监督信息成为标注前景及背景图像区域的一种可行方式。为验证人体姿态估计信息引导的特征的有效性，本小节实验部分评估了人体姿态估计信息引导的特征在不同行人重识别基准数据集上对模型精度的影响。

在对比实验中，我们使用原始图像的全局平均池化特征来替代人体姿态估计信息引导的特征，以便验证人体姿态估计信息引导的特征对深度学习模型精度的影响。从模型结构上看，对比模型去除了人体姿信息态估计网络，即图 5.3 中上部网络分支的输入被修改为与下部网络分支相同的原始图像特征提取方式。实验结果对比如图 5.6 所示，其中不包含人体姿态估计信息引导特征的 PRFFN 记为 w/o Pose-guided。图 5.6 表明，人体姿态估计信息引导的特征对模型的特征学习产生了积极的影响。加入人体姿态估计信息引导的特征后，在 Market-1501 基准数据集上，深度学习模型的 mAP 和 Rank-1 准确率分别提高了 5.1% 和 1.6%；在 DukeMTMC-reID 基准数据集上，这两项关键指标分别提高了 4.9% 和 2.5%；在 CUHK03（Detected）基准数据集上，mAP 和 Rank-1 准确率分别提高了 6.0% 和 1.6%；在 CUHK03（Labeled）基准数据集上，mAP 和 Rank-1 准确率分别提高了 5.9% 和

6.4％。实验结果证明，人体姿态估计信息引导特征的加入使模型的性能得到了显著的提升，特别是在 mAP 指标上表现尤为突出。

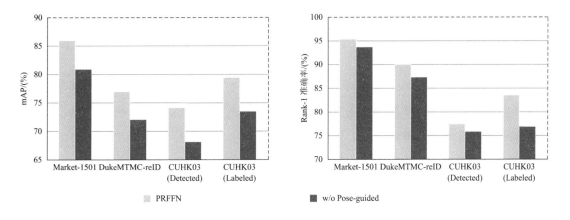

图 5.6　人体姿态估计信息引导的特征对模型精度的影响

2. 基于区域的融合特征的有效性

为验证基于区域的融合特征对模型精度的影响，我们设计了两组消融实验来比较不同模型的识别精度。基于区域的融合特征由 F_i^{pose} 与 F_i^{fuse} 组成。实验设计如下：在第一组消融实验中，保留特征 F_i^{fuse} 并移除特征 F_i^{pose}，以验证人体姿态估计信息引导的最大池化特征的有效性；而在第二组消融实验中，移除特征 F_i^{fuse} 并保留特征 F_i^{pose}，以探究仅使用 F_i^{fuse} 时模型的识别性能。

图 5.7 展示了在多个行人重识别基准数据集上第一组消融实验的结果，包括 Rank-1 准确率与 mAP。其中，不包含 F_i^{pose} 的 PRFFN 记为 w/o F_i^{pose}。从图 5.7 中可知，在移除特征 F_i^{pose} 之后，深度学习模型的识别精度出现了显著下降。具体来说，Rank-1 准确率在 Market-1501 数据集上降低了 0.9％，在 DukeMTMC-reID 数据集上降低了 1.6％，在

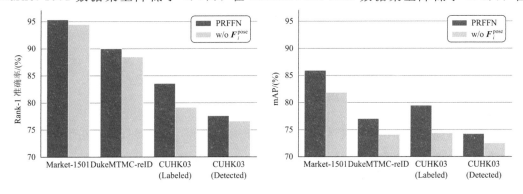

图 5.7　特征 F_i^{pose} 的有效性示意图

CUHK03(Detected)数据集上降低了 1.0%，在 CUHK03(Labeled)数据集上降低了 4.4%。而 mAP 在 Market-1501 数据集上降低了 4.1%，在 DukeMTMC-reID 数据集上降低了 3%，而在 CUHK03(Detected)与 CUHK03(Labeled)数据集上分别降低了 1.7% 与 5.1%。消融实验的结果验证了特征 F_i^{pose} 对于行人重识别模型的重要性，证明了 F_i^{pose} 是基于区域的融合特征的有益补充。

采用相同的思路，图 5.8 直观展示了移除特征 F_i^{fuse} 对深度学习模型所产生影响。其中，不包含 F_i^{fuse} 的 PRFFN 记为 w/o F_i^{fuse}。相比移除特征 F_i^{pose}，移除特征 F_i^{fuse} 后，模型的识别精度出现了更大幅度的下降，包括 Rank-1 准确率与 mAP。在移除特征 F_i^{fuse} 之后，深度学习模型退化为仅依赖最大池化特征进行分类，失去了由基于区域的融合特征所带来的对整体图像的覆盖效果，不可避免地造成了大量特征信息的丢失，进而影响了模型的识别精度。这也再次证明了在行人重识别这类较为复杂的计算机视觉任务中，仅依赖少数显著的图像特征难以获得理想的识别精度。

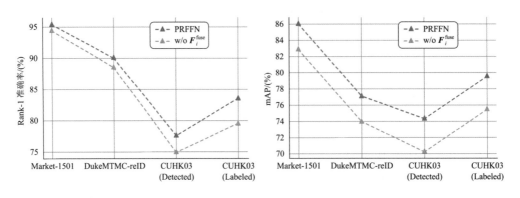

图 5.8　基于区域的融合特征的有效性示意图

通过对消融实验结果进行分析，我们发现平均池化融合特征与最大池化特征均是 PRFFN 中有意义的最终特征的组成部分。任一类特征的缺失均会造成深度学习模型识别精度的显著下降。而在具体的精度提升方面，平均池化融合特征与最大池化特征对 mAP 的提升效果相较于对 Rank-1 准确率的提升效果更为明显，这表明平均池化融合特征与最大池化特征对模型的平均精度具有显著的提升作用。

3. 线性加权操作对模型识别精度的影响

为验证线性加权操作对深度学习模型识别精度的影响，我们设计了一组消融实验。在对比模型中，我们移除了线性加权操作，并保持其他网络部分与原网络一致，以验证线性加权操作对模型识别精度的影响。表 5.1 展示了消融实验的结果。在 DukeMTMC-reID 行人重识别基准数据集上，通过对比 Rank 准确率与 mAP 可知，缺失线性加权操作的模型仍然达到了较高的识别精度，而线性加权操作仅带来了约 0.2% 的精度提升。由此可知，虽然线性加权操作对模型精度有正向影响，但其所带来的提升幅度有限，因此线性加权操作属于非关键因素。

表 5.1　线性加权操作对模型识别精度的影响

方　法	DukeMTMC-reID			
	Rank-1 准确率/(%)	Rank-5 准确率/(%)	Rank-10 准确率/(%)	mAP/(%)
加入线性加权操作的模型	90.0	95.1	96.3	77.1
缺失线性加权操作的模型	89.9	94.8	96.1	76.8

4. 姿态估计器阈值 γ 对模型识别精度的影响

阈值 γ 决定了姿态估计器置信度分数低于该值的关键点不会被模型采用。根据式(5.1)中的定义，γ 的值会影响人体关键点的选取精度。因此，选择适合的 γ 值必然会影响行人重识别模型对前景遮挡的识别能力。当然，具体的 γ 值也与模型所使用的人体姿态估计器密切相关。本章使用的人体姿态估计器为 OpenPose。在具体的测试过程中，当 γ 值设置得过大时，姿态估计器的性能将受到限制，导致部分人体关键点信息无法被准确识别。而当 γ 值设置得过小时，不可避免地会引入噪声信息。实测结果如图 5.9 所示，当设置 γ 为 0.3 时，模型在 Market-1501 与 CUHK03(Labeled)基准数据集上达到了最佳性能。

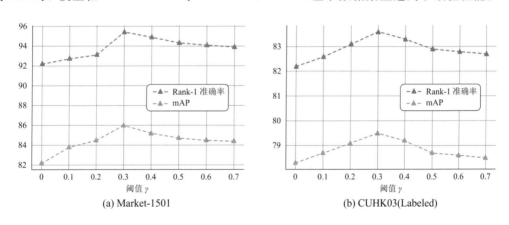

图 5.9　姿态估计器阈值 γ 对模型识别精度的影响

5.4.3　PRFFN 与其他先进方法的比较

在本小节中，我们将 PRFFN 与近年来先进的行人重识别方法在多个常规行人重识别数据集及遮挡行人重识别数据集上进行比较。在评估行人重识别方法时，我们通常采用单一查询和重排序查询两种模式。由于重排序查询算法能进一步提升模型的性能，为公平起见，本节所有用于比较的实验结果均基于单一查询模式，即未采用重排序查询处理。

表 5.2 展示了不同行人重识别方法在遮挡行人重识别数据集 Occluded-DukeMTMC 上的性能，包括 Rank-1 准确率、Rank-5 准确率、Rank-10 准确率及 mAP。实验将所有方法分为四组：第一组是常规行人重识别方法，主要处理完整行人样本；第二组是利用人体姿态估计信息作为辅助标注信息的行人重识别方法；第三组是专注于局部遮挡的行人重识别方法；第四组是本章提出的方法（即 PRFFN）。

在数据集 Occluded-DukeMTMC 上，PRFFN 取得了 Rank-1 准确率为 51.8%、mAP 为 38.6% 的识别效果，优于表中用于比较的其他方法。与同样针对遮挡行人重识别的 Adver Occluded[175] 相比，PRFFN 在 Rank-1 准确率上高出 7.3%，在 mAP 上高出 6.4%。与针对常规行人重识别的强基线方法 PCB 相比，PRFFN 的 Rank-1 准确率和 mAP 分别提高了 9.2% 和 4.9%。实验结果证明了 PRFFN 的有效性。该方法融合人体姿态估计信息引导的特征，能有效抑制遮挡区域的图像噪声，并突出人体区域的图像特征。最终输出的特征融合了局部平均池化特征与全局平均池化特征，并辅以局部最大池化特征，既全面获取了图像整体信息，又突出了人体表面的显著特征，从而有效减轻了遮挡物噪声对图像最终特征的影响。

表 5.2　不同行人重识别方法在遮挡行人重识别数据集 Occluded-DukeMTMC 上的性能比较

方　法	Rank-1 准确率/(%)	Rank-5 准确率/(%)	Rank-10 准确率/(%)	mAP/(%)
LOMO+XQDA[11]	8.1	17.0	22.0	5.0
Part Aligned[12]	28.8	44.6	51.0	20.2
Random Erasing[13]	40.5	59.6	66.8	30.0
HACNN[14]	34.4	51.9	59.4	26.0
Adver Occluded[15]	44.5	—	—	32.2
PCB[1]	42.6	57.1	62.9	33.7
Part Bilinear[16]	36.9	—	—	
FD-GAN[17]	40.8			
DSR[18]	40.8	58.2	65.2	30.4
SFR[19]	42.3	60.3	67.3	32.0
PRFFN	**51.8**	**69.6**	**75.8**	**38.6**

表 5.3 中比较了部分基于遮挡的行人重识别方法在 Partial-REID 与 Partial-iLIDS 两个

遮挡行人重识别数据集上的性能。需要注意的是，表中所列举的方法（除 PRFFN 外）均采用了裁切预处理操作，而 PRFFN 并未对遮挡位置进行裁切预处理。因此，PRFFN 避免了因裁切所带来的特征丢失问题及可能引入的误差。PRFFN 在遮挡数据集 Partial-REID 上取得了 Rank-1 准确率为 68.8%、Rank-5 准确率为 81.2% 的识别精度，分别超过 SFR 11.9% 与 2.7%。在遮挡数据集 Partial-iLIDS 上，PRFFN 的 Rank-1 准确率达到 69.7%，超过 SFR 5.8%；Rank-5 准确率达到 81.4%，超过 SFR 6.6%。从实验结果可知，在 Partial-REID 与 Partial-iLIDS 这两个遮挡数据集上，本章提出的 PRFFN 相比其他方法具有较明显的优势。无须裁切预处理的特点也进一步突出了 PRFFN 的通用性。

表 5.3　基于遮挡的行人重识别方法在遮挡行人重识别数据集 Partial-REID 与 Partial-iLIDS 上的性能比较

方　法	Partial-REID		Partial-iLIDS	
	Rank-1 准确率/(%)	Rank-5 准确率/(%)	Rank-1 准确率/(%)	Rank-5 准确率/(%)
MTRC[20]	23.7	27.3	17.7	26.1
AMC+SWM[21]	37.3	46.0	21.0	32.8
DSR[18]	50.7	70.0	58.8	67.2
SFR[19]	56.9	78.5	63.9	74.8
PRFFN	**68.8**	**81.2**	**69.7**	**81.4**

表 5.4 给出了在 Market-1501 与 DukeMTMC-reID 两个常规行人重识别数据集上，PRFFN 与其他先进常规行人重识别方法的性能比较，以评估 PRFFN 在非遮挡场景下的性能。从表中结果可知，在非遮挡场景下，PRFFN 依旧展现出较为优异的性能。在常规行人重识别数据集 Market-1501 上，PRFFN 的 Rank-1 准确率和 mAP 分别达到了 95.4% 和 86.0%。在常规行人重识别数据集 DukeMTMC-reID 上，PRFFN 的 Rank-1 准确率与 mAP 分别达到了 90.0% 和 77.1%，超过了表中大多数用于对比的先进方法。尤其在 Rank-1 准确率上，PRFFN 超过了表中所有用于比较的行人重识别方法。在 PRFFN 中，人体姿态估计信息作为辅助标注信息，在遮挡场景下，可以帮助模型抑制背景噪声及前景噪声。而当前景遮挡物不存在时，人体姿态估计信息可有效辅助模型过滤背景噪声。因此，PRFFN 具备较为良好的通用性，在遮挡或非遮挡场景下均无须调整网络结构。

通过比较 PRFFN 在遮挡行人重识别数据集和常规行人重识别数据集上的表现，我们证明了该方法具有良好的适应性。无论是在遮挡场景还是非遮挡场景下，PRFFN 均展现出了优异的性能，并在多个数据集上达到了先进水平。

表 5.4   行人重识别方法在常规行人重识别数据集 Market-1501 与
DukeMTMC-reID 上的性能比较

方　法	Market-1501		DukeMTMC-reID	
	Rank-1 准确率/(%)	mAP/(%)	Rank-1 准确率/(%)	mAP/(%)
BoW＋kissme[22]	44.4	20.8	25.1	12.2
SVDNet[23]	82.3	62.1	76.7	56.8
PAN[24]	82.8	63.4	71.7	51.5
PAR[12]	81.0	63.4	—	—
Pedestrian[25]	82.0	63.0	—	—
DSR[18]	83.5	64.2	—	—
MultiLoss[26]	83.9	64.4	—	—
Triplet Loss[27]	84.9	69.1	—	—
Adver Occluded[15]	86.5	78.3	79.1	62.1
APR[28]	87.0	66.9	73.9	55.6
DPFL[29]	88.9	73.1	79.2	60.6
MLFN[30]	90.0	74.3	81.0	62.8
HA-CNN[14]	91.2	75.7	80.5	63.8
AlignedReID＋＋[31]	91.8	75.7	82.1	69.7
Deep-Person[32]	92.3	79.5	80.9	64.8
PCB[1]	92.5	77.5	81.9	65.3
CGEA[33]	94.2	84.9	86.9	75.6
RelationNet[34]	95.2	**88.9**	89.7	**78.6**
PRFFN	**95.4**	86.0	**90.0**	77.1

5.5　本章小结

　　本章针对行人被遮挡的问题提出了一种名为 PRFFN 的遮挡行人重识别方法,该方法基于人体姿态估计信息引导与区域特征融合。PRFFN 通过融合不同粒度上的人体姿态估计引导的特征和常规图像特征,引导深度学习模型深入挖掘人体结构信息,从而有效减轻了遮挡物噪声对模型最终特征的干扰。PRFFN 综合考虑了共享图像区域内不同网络分支间存在的显性响应关联,并引入外部监督信号,实现了独立分支先验标签的差异化构建。在多种图像尺度上,PRFFN 将含有人体姿态估计信息的局部特征与全局图像特征相融合,进一步基于人体可见区域的图像特征进行关系推理和特征学习。实验结果表明,PRFFN 显著增强了深度学习模型捕捉人体图像细节特征的能力,并有效抑制了背景噪声和前景噪声。对比实验证实,PRFFN 达到了先进水平,与基线网络相比,性能有了显著提升。

参 考 文 献

[1] SUN Y F, ZHENG L, YANG Y, et al. Beyond part models: person retrieval with refined part pooling (and a strong convolutional baseline)[C]. Proceedings of the European Conference on Computer Vision, Springer, 2018: 480 - 496.

[2] PARK H, HAM B. Relation network for person re-identification[C]. Proceedings of the Association for the Advance of Artificial Intelligence, AAAI Press, 2020, 34 (07): 11839 - 11847.

[3] DAI Z Z, CHEN M Q, GU X D, et al. Batch dropblock network for person re-identification and beyond [C]. Proceedings of the IEEE/CVF International Conference on Computer Vision, IEEE Computer Society, 2019: 3691 - 3701.

[4] ZHOU J X, CHEN Z Y, LAI J H, et al. Occluded person re-identification[C]. Proceedings of the International Conference on Multimedia and Expo, IEEE Computer Society, 2018: 1 - 6.

[5] FAN X, LUO H, ZHANG X, et al. Scpnet: spatial-channel parallelism network for joint holistic and partial person re-identification [C]. Proceedings of the Asian Conference on Computer Vision, Springer, 2019: 19 - 34.

[6] HE L X, WANG Y G, LIU W, et al. Foreground-aware pyramid reconstruction for alignment-free occluded person re-identification[C]. Proceedings of the IEEE/CVF International Conference on Computer Vision, IEEE Computer Society, 2019: 8450 - 8459.

[7] HE K, ZHANG G X, REN S, et al. Deep residual learning for image recognition [C]. Proceedings of the IEEE/CVF Conference on Computer Vision and Pattern Recognition, IEEE Computer Society, 2016: 770 - 778.

[8] CAO Z, SIMON T, WEI S E, et al. Openpose: realtime multi-person 2D pose

estimation using part affinity fields[J]. IEEE Transactions on Pattern Analysis and Machine Intelligence, 2021, 43(1): 172 – 186.

[9] NEWELL A, YANG K, DENG J. Stacked hourglass networks for human pose estimation[C]. Proceedings of the European Conference on Computer Vision, Springer, 2016: 483 – 499.

[10] ZHAO H Y, TIAN M Q, SUN S Y, et al. Spindle net: person re-identification with human body region guided feature decomposition and fusion[C]. Proceedings of the IEEE/CVF Conference on Computer Vision and Pattern Recognition, IEEE Computer Society, 2017: 1077 – 1085.

[11] LIAO S C, HU Y, ZHU X Y, et al. Person re-identification by local maximal occurrence representation and metric learning[C]. Proceedings of the IEEE/CVF International Conference on Computer Vision and Pattern Recognition, IEEE Computer Society, 2015: 2197 – 2206.

[12] ZHAO L M, LI X, ZHUANG Y T, et al. Deeply – learned part-aligned representations for person re-identification[C]. Proceedings of the IEEE/CVF International Conference on Computer Vision, IEEE Computer Society, 2017: 3219 – 3228.

[13] ZHONG Z, ZHENG L, KANG G L, et al. Random erasing data augmentation[C]. Proceedings of the Association for the Advance of Artificial Intelligence, AAAI Press, 2020, 34(07): 13001 – 13008 .

[14] LI W, ZHU X T, GONG S G. Harmonious attention network for person re-identification[C]. Proceedings of the IEEE/CVF Conference on Computer Vision and Pattern Recognition, IEEE Computer Society, 2018: 2285 – 2294.

[15] HUANG H J, LI D W, ZHANG Z, et al. Adversarially occluded samples for person re-identification[C]. Proceedings of the IEEE/CVF International Conference on Computer Vision and Pattern Recognition, IEEE Computer Society, 2018: 5098 – 5107.

[16] SUH Y M, WANG J D, TANG S Y, et al. Part-aligned bilinear representations for person re-identification[C]. Proceedings of the European Conference on Computer Vision, Springer, 2018: 402 – 419.

[17] GE Y X, LI Z W, ZHAO H Y, et al. Fd-gan: pose-guided feature distilling gan for robust person re-identification[C]. Proceedings of the International Conference on Neural Information Processing Systems, 2018: 1230 – 1241.

[18] HE L X, LIANG J, LI H Q, et al. Deep spatial feature reconstruction for partial

person re-identification: alignment-free approach[C]. Proceedings of the IEEE/
CVF Conference on Computer Vision and Pattern Recognition, IEEE Computer
Society, 2018: 7073 - 7082.

[19]　HE L X, SUN Z N, ZHU Y H, et al. Recognizing partial biometric patterns[J].
arXiv preprint arXiv:181007399, 2018:1 - 13.

[20]　LIAO S, JAIN A K, LI S Z. Partial face recognition: alignment-free approach[J].
IEEE Transactions on Pattern Analysis and Machine Intelligence, 2013, 35(5):
1193 - 1205.

[21]　ZHANG W S, LI X, XIANG T, et al. Partial person re-identification[C].
Proceedings of the IEEE/CVF International Conference on Computer Vision, IEEE
Computer Society, 2015: 4678 - 4686.

[22]　ZHENG L, SHEN L Y, TIAN L, et al. Scalable person re-identification: a
Benchmark[C]. Proceedings of the IEEE/CVF International Conference on
Computer Vision, IEEE Computer Society, 2015: 1116 - 1124.

[23]　SUN Y F, ZHENG L, DENG W J, et al. Svdne for pedestrian retrieval[C].
Proceedings of the IEEE/CVF International Conference on Computer Vision, IEEE
Computer Society, 2017: 3800 - 3808.

[24]　ZHENG Z D, ZHENG L, YANG Y. Unlabeled samples generated by gan improve
the person re-identification baseline in vitro[C]. Proceedings of the IEEE/CVF
International Conference on Computer Vision, IEEE Computer Society, 2017:
3754 - 3762.

[25]　ZHENG Z D, ZHENG L, YANG Y. Pedestrian alignment network for large-scale
person re-identification[J]. IEEE Transactions on Circuits and Systems for Video
Technology, 2019, 29(10): 3037 - 3045.

[26]　LI W, ZHU X T, GONG S G. Person re-identification by deep joint learning of
multi-loss classification[C]. Proceedings of the International Joint Conference on
Artificial Intelligence, AAAI Press, 2194 - 2200.

[27]　HERMANS A, BEYER L, LEIBE B. In defense of the triplet loss for person re-
identification[J]. arXiv preprint arXiv:170307737, 2017:1 - 17.

[28]　LIN Y T, ZHENG L, ZHENG Z D, et al. Improving person re-identification by
attribute and identity learning[J]. Pattern Recognition, 2019, 95: 151 - 161.

[29]　CHEN Y B, ZHU X T, GONG S G. Person re-identification by deep learning
multi-scale representations[C]. Proceedings of the IEEE/CVF International

Conference on Computer Vision Workshops, IEEE Computer Society, 2017: 2590 – 2600.

[30] CHANG X, HOSPEDALES T M, XIANG T. Multi-level factorisation net for person re-identification[C]. Proceedings of the IEEE/CVF International Conference on Computer Vision and Pattern Recognition, IEEE Computer Society, 2018: 2109 – 2118.

[31] LUO H, JIANG W, ZHANG X, et al. Alignedreidd + +: dynamically matching local information for person re-identification[J]. Pattern Recognition, 2019, 94: 53 – 61.

[32] BAI X, YANG M K, HUANG T T, et al. Deep-person: learning discriminative deep features for person re-identification [J]. Pattern Recognition, 2020, 98: 31 – 41.

[33] WANG G A, YANG S, LIU H Y, et al. High-order information matters: learning relation and topology for occluded person re-identification[C]. Proceedings of the IEEE/CVF Conference on Computer Vision and Pattern Recognition, IEEE Computer Society, 2020: 6449 – 6458.

[34] PARK H, HAM B. Relation network for person re-identification[C]. Proceedings of the Association for the Advance of Artificial Intelligence, AAAI Press, 2020, 34 (07): 11839 – 11847.

第6章 基于人体姿态估计信息引导的半监督行人重识别方法

本章在第5章所介绍的基于人体姿态估计信息引导与区域特征融合的遮挡行人重识别方法基础上，提出了一种基于人体姿态估计信息引导的半监督行人重识别方法。该方法的核心思路是在 BYOL(Bootstrap Your Own Latent)[1] 自监督学习方法的基础上加以改进，通过引入外部标注信息对基于注意力学习的深度模型进行引导。人体姿态估计信息作为一类信息量丰富的先验标注信息，在行人重识别领域仍有极大的挖掘潜力。实验结果表明，本章所提出的方法在多个基准数据集上均取得了优异的表现，有效提升了基于注意力学习的模型训练过程的稳定性。

6.1 引　言

基于注意力学习的行人重识别方法是近年来快速发展的研究方向。与基于局部特征的行人重识别方法相比，注意力学习机制借鉴了人类生理注意力的思维方式，从理论层面更符合人眼的生物学特性。然而，对于行人重识别任务而言，基于注意力学习的模型存在缺乏结构化约束和训练困难等问题。相较于基于卷积神经网络的方法，基于注意力学习的行人重识别模型的训练过程仍待优化。本章针对基于注意力学习的模型在行人重识别任务中难以学习到正确的高响应图像局部区域的问题展开研究，通过引入人体姿态估计信息作为先验监督信息对基于注意力学习的模型进行监督学习，为解决模型训练困难问题提供了一种新的思路。

目前，半监督学习是深度学习研究领域中备受关注的研究方向。区别于有监督学习与无监督学习，半监督学习主要通过一些方式将未标注的数据转化为有监督的信号，这对于在缺乏充足标签的数据集上训练模型尤为重要。半监督学习是监督学习与无监督学习相结合的一种深度学习方法。对于部分已有标签数据的任务而言，半监督学习能够进一步挖掘模型的潜力并改进训练的稳定性[2]。尽管目前有监督学习仍然是深度学习的主流方法，但是近年来在国内外研究者的共同努力之下，涌现出了许多非常优秀的自监督与无监督学习方法。例如，He 等人[3] 提出了动量对比（Momentum Contrast，MoCo）无监督学习架构。该架构从将对比学习作为字典查找的角度出发，构建了一个具有队列和移动平均编码器的动态字典，其学习到的特征可以很好地迁移至下游任务中，在部分数据集上的检测与分割任务的准确率甚至接近有监督学习方法。Chen 等人[4] 提出了一种简单且高效的对比视觉特征学习（SimCLR）框架。SimCLR 框架通过最大化一致性学习表示及统一数据示例，增强了视图空间中的对比损失，并在特征和对比损失之间引入可学习的非线性转换，从而总体上提高了学习到的特征的质量。与有监督学习方法相比，无监督学习从更强的数据增强中获益，并得益于较大的训练批次数及较长的训练循环数。与监督学习类似，无监督学习同样受益于更深、更广的网络结构。

区别于对比学习依赖大量负样本，Grill 等人[1] 提出了 BYOL 自学习架构，研究了在缺少充足负样本的情况下如何进行样本间的对比学习。对于对比学习而言，通常认为负样本所带来的一致性信息是必不可少的，它有助于模型学习到正样本与噪声之间的差异。在此基础上，Grill 等人提出了一个新的思路，即在不引入负样本的条件下，BYOL 的整体优化目标实际上是降低条件方差，通过目标预测过程中的不断调整，使模型在学习相似性的同时，也保留了一部分噪声。而简单孪生网络（Simple Siamese，SimSiam）[5] 在 BYOL 架构的基础上进一步改进，去掉了结构中的动量更新部分。尽管 SimSiam 采用了孪生的编码网络，但是它采用阻断动量更新的方式来确保两边的特征不会塌陷。从结构上看，BYOL 和 SimSiam 分别采用了不同的方式来防止特征塌陷，从而使得深度学习模型所学习到的特征是有意义的。图 6.1 展示了部分具有代表性的自监督与无监督学习方法示意图。

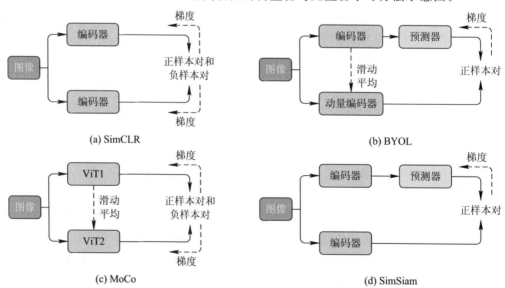

图 6.1　部分自监督与无监督学习方法示意

　　受到以上无监督学习成果的启发，我们发现了在行人重识别任务中进一步挖掘人体姿态估计信息价值的可能性。鉴于行人重识别任务的特点，现有大部分针对该任务的深度学习模型均采用了有监督学习的方式。而对于基于注意力学习的行人重识别模型而言，学习高效的图像视觉特征直接决定了模型的最终性能。在现有的有监督学习模型中加入深层次的监督信息，有助于提升基于注意力学习的行人重识别模型训练的稳定性，同时在不改动现有网络框架的前提下提升识别性能。因此，本章提出了一种人体姿态估计信息引导的注意力半监督学习网络（Pose-guided Attention Re-vitalization Network，PARNet）。该网络通过融合有监督的行人 ID 信息与无监督的人体姿态估计信息，进一步研究了如何通过改进监督训练框架，在行人重识别任务中有效增强基于注意力学习的模型的视觉特征获取能力，从而提升整体识别性能。

　　图 6.2 展示了 PARNet 的整体网络框架。该框架包含两个子网络：一个是融合人体姿态估计信息的教师分支 T-stream，另一个是包含注意力学习模块的待训练的学生分支 S-stream。在训练过程中，使用 T-stream 对 S-stream 中的基于注意力学习的模型进行监督学习，通过 T-stream 中的人体姿态估计信息引导基于注意力学习的模型获取人体图像区域的有效视觉特征，从而增强基于注意力学习的模型训练过程的稳定性。

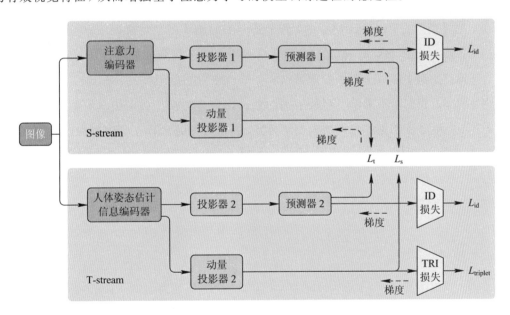

图 6.2　PARNet 的整体网络框架

　　本章的主要贡献包括以下几方面。

　　（1）本章提出了一种使用人体姿态估计信息对基于注意力学习的模型进行监督训练的新方法。该方法能够引导基于注意力学习的模型聚焦于人体图像区域的特征，从而降低前景噪声及背景噪声对模型获取图像特征的不利影响。

（2）本章所提出的方法可与其他行人重识别方法相结合，在不修改其原有网络框架的前提下，通过引入先验监督信息进一步提升深度学习模型的性能。

（3）本章实验结果表明，PARNet 在多个常规行人重识别数据集上均取得了具有竞争力的性能表现，这证明了半监督学习框架在行人重识别任务中的广阔应用前景和发展潜力。

6.2   网络框架介绍

PARNet 由 T-stream 与 S-stream 两个子网络构成。其中，T-stream 由人体姿态估计信息引导，其生成的特征分布最终用于在训练阶段监督 S-stream 子网络的训练。通过这种方式，在训练集样本数有限的条件下，PARNet 能够提升基于注意力学习模型的训练效率，并通过引入外部标注信息获得更为鲁棒的特征空间分布。

6.2.1   S-stream 子网络

在本章所提出的 PARNet 模型中，两个子网络的整体框架均来源于自监督学习（Self-Supervised Learning，SSL)[1]框架，且两个子网络采用了相同的结构设计。每个子网络除包含骨干网络之外，还包含两个投影器（Projector）和一个预测器（Predictor）。对于给定的一组训练样本，我们随机采用了两种不同的数据增强方法来生成两组具有差异性的输入。其中，S-stream 子网络是本章模型的训练目标，其骨干网络选用了具有加权三元组损失的广义平均池化注意力（Attention Generalized Mean Pooling with Weighted Triplet Loss，AGW)网络[6]。AGW 网络在 ResNet 的基础之上进行了改进，是一种高效的基于注意力学习的行人重识别基准网络。它在原始 ResNet50 框架的每相邻两个网络层之间加入了非局部（Non-local)注意力学习模块，并将原网络的平均池化层替换为广义平均池化层。当图像样本经过 S-stream 子网络处理之后，经过预测器 1（Predictor 1）与动量投影器 1（Momentum Projector 1），分别获得对应输出 $f_1(x)$ 与 $f_2(x)$。同样，图像样本经过 T-stream 子网络处理之后，经过预测器 2（Predictor 2）与动量投影器 2（Momentum Projector 2），分别获得对应输出 $f_3(x)$ 与 $f_4(x)$。通过分别计算 $f_1(x)$ 与 $f_4(x)$ 以及 $f_2(x)$ 与 $f_3(x)$ 之间的相似度，并计算其归一化特征的均方误差，我们定义了损失函数 L_s 与 L_t，具体公式如下：

$$L_s = 2 - 2 \cdot \frac{\langle f_1(x), f_4(x) \rangle}{\| f_1(x) \|_2 \cdot \| f_4(x) \|_2} \tag{6.1}$$

$$L_t = 2 - 2 \cdot \frac{\langle f_2(x), f_3(x) \rangle}{\| f_2(x) \|_2 \cdot \| f_3(x) \|_2} \tag{6.2}$$

其中，$\|\cdot\|_2$ 表示正则化操作，$\langle , \rangle$ 表示点积运算操作。

由于 T-stream 与 S-stream 的输入训练样本均来自同一幅图像，因此 S-stream 的输出特征分布在训练过程中会趋近于 T-stream 的输出特征分布。

对于输出特征，我们使用交叉熵损失函数来预测行人 ID。对于每一个输入图像，其交叉熵损失 L_{ce} 可表示为

$$L_{ce} = -\sum y \log \tilde{y} \tag{6.3}$$

其中，$\tilde{y}$ 与 y 分别表示预测行人 ID 与真实行人 ID，且 $\tilde{y}$ 可表示为

$$\tilde{y} = \underset{c \in K}{\mathrm{argmax}} \frac{\exp\left[(\boldsymbol{w}_i^c)^{\mathrm{T}} \boldsymbol{q}_i\right]}{\sum\limits_{k=1}^{K} \exp\left[(\boldsymbol{w}_i^k)^{\mathrm{T}} \boldsymbol{q}_i\right]} \tag{6.4}$$

其中，$\boldsymbol{q}_i$ 表示第 i 个样本的输出特征，$\boldsymbol{w}_i^k$ 表示模型权重矩阵中对应于第 i 个样本和第 k 个类别的权重向量，$\boldsymbol{w}_i^c$ 表示模型权重矩阵中对应于第 i 个样本和第 c 个类别的权重向量，K 表示样本 ID 的数量。

由此，我们得到 S-stream 总的损失函数为

$$L_{ss} = \lambda (L_s + L_t) + L_{ce} \tag{6.5}$$

式中，λ 为加权值。

S-stream 子网络中注意力学习模块的架构如图 6.3 所示。该注意力学习模块通过在 ResNet50 的每相邻两个网络层中添加非局部注意力学习模块[7,8]来构建。每个注意力学习模块均包含两个多层感知机(Multilayer Perceptron，MLP)层和一个自注意力(Self-attention)层，其中自注意力层位于这两个多层感知机层之间。如图 6.3 所示，注意力学习模块的输入特征首先经过一个 MLP 层进行映射，然后通过自注意力层处理，最后经过另一个 MLP 层输出。自注意力层由多个并行处理输入特征的注意力头组成，每个自注意力层的结构如图 6.3 的右下部所示。输入特征分别通过 MLP 层的 3 个键值(Q、K 和 V)映射，得到查询特征 Q、关键特征 K 和值特征 V。查询特征 Q 和关键特征 K 相乘后输出基于内容的注意力权重，这些权重最后与值特征 V 相乘，得到加权后的输出，相关公式如下：

$$\mathrm{Attention}(\boldsymbol{Q}, \boldsymbol{K}, \boldsymbol{V}) = \mathrm{Softmax}\left(\frac{\boldsymbol{Q} \cdot \boldsymbol{K}^{\mathrm{T}}}{\sqrt{d_k}}\right) \cdot \boldsymbol{V} \tag{6.6}$$

其中，d_k 表示查询的键值。

注意力学习机制的每一步计算均不依赖前一步的计算结果，因此它可以和 CNN 一样进行并行处理。相比于卷积核视野受限的问题，注意力学习机制弥补了 CNN 中长距离信息关联被削弱的不足。非局部注意力学习模块的加入是实现与位置信息相关的长距离信息传递的基础。在公式(6.6)中，首先通过 $\boldsymbol{Q}$ 与 K 执行矩阵乘法进行逐点的点乘操作，随后经过 Softmax 层处理得到注意力权重，并最终与 $\boldsymbol{V}$ 相乘。在这个过程中，对于尺寸为 $C \times H \times W$

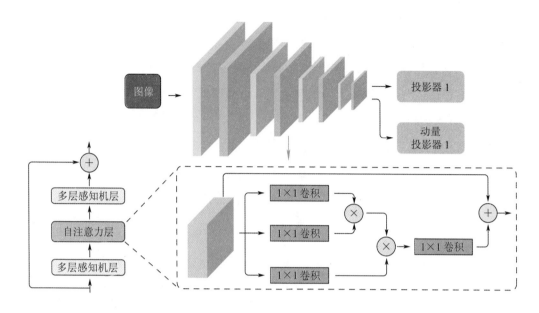

图 6.3　S-stream 子网络中注意力学习模块的架构

的输入特征，首先将其映射为 $H \times W$ 空间上的 C 维特征，然后通过残差连接[9]与原始特征相加，最后对得到的输出特征进行 ReLU 激活。

6.2.2　T-stream 子网络

与 S-stream 子网络的结构类似，T-stream 子网络同样由特征提取网络、两个投影器和一个预测器构成。图 6.4 展示了 T-stream 的特征提取网络的内部结构。由于加入了对应的人体姿态估计器，该特征提取网络仍由两个分支子网络构成。第一个分支子网使用人体姿态估计器从输入图像中检测人体关键点的坐标。我们选用的人体姿态估计器是在 CMU Panoptic Studio 数据集上预训练的 OpenPose[10]。该姿态估计器支持实时多人体关键点识别，能够同时检测单个图像中的人体头部、躯干、手部及脚部等关键点（最多可支持 135 个人体关键点检测）。在本章中，PARNet 使用姿态估计器 OpenPose 为输入样本提取人体关键点，并综合考虑效率与识别精度，最终选择 25 个关键点。对于每个人体关键点，姿态估计器 OpenPose 不仅给出了位置信息，还给出了关键点的置信度分数。

为判断目标行人关键点的可用性，我们设置了阈值 γ 来过滤低置信度分数的关键点。姿态估计器的输出如下：

$$\mathrm{LM}_i = \begin{cases} (cx_i, cy_i), & S_i^{\mathrm{conf}} \geqslant \gamma \\ 0, & S_i^{\mathrm{conf}} < \gamma \end{cases} \tag{6.7}$$

其中，LM_i 表示第 $i(i=1, \cdots, n)$ 个关键点的坐标信息，其坐标表示为 (cx_i, cy_i)；S_i^{conf} 表示置信度分数。

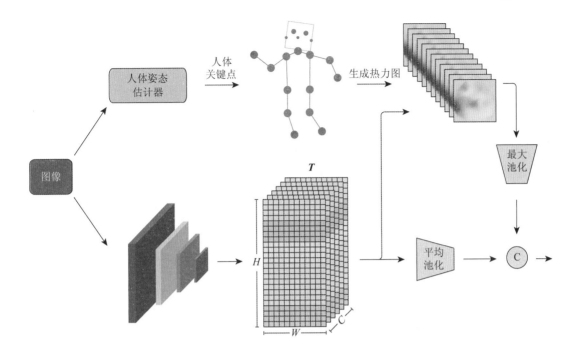

图 6.4　T-stream 的特征提取网络的内部结构

在本章中，$\gamma = 0.3$ 是我们为模型预定义的置信度分数阈值。当目标行人的身体部分被遮挡时，若姿态估计器预估结果中关键点的 S_i^{conf} 低于 γ，则 $\mathrm{LM}_i = 0$，表示对应的关键点将不被采用。最后，所有生成的关键点依次被标记为 $\boldsymbol{M}_i$。

热力图的生成参照文献[11]中的方法，具体是以给定的人体关键点坐标为中心，根据二维高斯分布生成相应的热力图。若 $\mathrm{LM}_i = 0$，则相应的热力图值设置为 0；否则，依次生成热力图。随后，通过双线性插值将每个热力图降采样至所设定的特征图输出尺寸。最终，特征提取网络输出的特征融合了原始输入图像的全局平均池化特征及包含人体姿态估计信息的最大池化特征，这些特征将作为下一个流程的输入。

T-stream 子网络在训练时同时采用了交叉熵损失与三元组损失。其中，交叉熵损失用于分类；而三元组损失用于优化特征空间分布，以缩小同类特征间的距离，并增大不同类特征间的距离。在训练阶段，使用真实行人 ID 来对模型进行训练，模型的总损失是交叉熵损失与三元组损失之和，其定义如下：

$$L_{\mathrm{ts}} = L_{\mathrm{triplet}} + L_{\mathrm{ce}} \tag{6.8}$$

其中，L_{triplet} 表示三元组损失，L_{ce} 表示交叉熵损失。

对于输出特征，交叉熵损失用于目标分类；而三元组损失用于控制类内距离及类间距离，以优化特征在特征空间内的分布。我们使用 Softmax 层来预测行人 ID，对于每一幅输入图像，其基于区域的融合特征对应的交叉熵损失 L_{ce} 表示为

$$L_{ce} = -\sum_{i=1}^{p}\sum y\log\tilde{y} \tag{6.9}$$

其中，$\tilde{y}$ 与 y 分别表示预测行人 ID 与真实行人 ID，且 $\tilde{y}$ 可定义为

$$\tilde{y} = \underset{c\in K}{\arg\max}\frac{\exp\left[(\boldsymbol{w}_i^c)^{\mathrm{T}}\boldsymbol{q}_i\right]}{\sum_{k=1}^{K}\exp\left[(\boldsymbol{w}_i^k)^{\mathrm{T}}\boldsymbol{q}_i\right]} \tag{6.10}$$

其中，$\boldsymbol{q}_i$ 表示第 i 个样本的特征，$\boldsymbol{w}_i^k$ 表示模型权重矩阵中对应于第 i 个样本和第 k 个类别的权重向量，$\boldsymbol{w}_i^c$ 表示模型权重矩阵中对应于第 i 个样本和第 c 个类别的权重向量，K 表示样本 ID 的数量。

此外，三元组损失可定义为

$$L_{triplet} = -\sum_{k=1}^{K}\sum_{m=1}^{M}\left[\alpha + \max_{n=1,\cdots,M}\|\boldsymbol{q}_{k,m}^A - \boldsymbol{q}_{k,n}^P\|_2 - \min_{\substack{l=1,\cdots,K\\n=1,\cdots,N\\l\neq k}}\|\boldsymbol{q}_{k,m}^A - \boldsymbol{q}_{l,n}^N\|_2\right]_+ \tag{6.11}$$

其中，K 和 M 分别表示每一训练批次中行人 ID 的数量和图像数量；α 表示控制正、负样本对之间距离的参数；$\boldsymbol{q}_{i,j}^A$、$\boldsymbol{q}_{i,j}^P$ 与 $\boldsymbol{q}_{i,j}^N$ 分别表示锚样本、正样本与负样本生成的特征，其中 i 和 j 分别表示行人 ID 和图像的索引下标。

6.2.3　模型训练

PARNet 模型由两个并行子网络组成，每个子网络的损失函数已分别阐述。整个网络的总损失函数可表示为

$$L_{all} = L_{ss} + L_{ts} \tag{6.12}$$

其中，L_{ss} 表示 S-stream 子网络的损失函数，L_{ts} 表示 T-stream 子网络的损失函数。

T-stream 子网络是在同一数据集上预训练的网络。在模型训练过程中，注意力编码器、投影器 1 和预测器 1 根据 S-stream 中损失函数 L_{ss} 计算的梯度进行更新，人体姿态估计信息编码器、投影器 2 和预测器 2 则根据 T-stream 中损失函数 L_{ts} 计算的梯度进行更新。此外，动量投影器 1 和动量投影器 2 采用移动平均更新策略[12]。

对于 S-stream 子网络，除使用行人 ID 标记信息进行训练外，还引入了 T-stream 的输出作为监督信号。这种方法与文献[1]中的方法相似，通过在两个分支网络中均使用动量投影器和预测器，能够提升模型的泛化能力。同时，动量更新机制有助于避免平凡解的产生，且两个分支中采用相似的设计可进一步提高网络训练的效率。模型训练完成后，仅 S-stream 子网络被用于行人重识别基准数据集的测试。

6.3　实　验　与　分　析

本小节将对 PARNet 进行实验验证。我们首先介绍相关实现细节及实验环境设置，随后进行一系列的消融实验，以分析模型各组成部分对识别精度的影响。此外，我们还将 PARNet 在多个基准数据集上与先进的行人重识别方法进行比较，以评估其性能表现。

6.3.1　实验环境设置

我们使用 PyTorch 框架来进行模型的实现及训练。在训练过程中，我们主要使用四块 Tesla P100 GPU，并采用自适应矩估计（Adam）算法的步进策略对模型进行优化。在训练环境方面，我们配置为 CUDA Toolkit 9.0 与 PyTorch 1.6。关键参数设置如下：最大训练轮次为 600，训练批次数为 128，学习率为 0.1。此外，我们还采用了常规的热身策略及随机擦除技术，以进行数据增强。以上环境参数适用于本节中的所有实验。

在本章的实验环节中，我们选用了 ResNet50 残差网络[9]，并加载了已在 ImageNet 数据集[13]上经过充分训练的预训练模型。这些预训练模型不仅用于 T-stream 子网络，也用于 S-stream 子网络。值得注意的是，T-stream 子网络在应用于特定实验之前，已经在相应的基准数据集上进行了微调（或进一步训练）。为了更深入地研究预训练对模型性能的具体影响，我们将在后续的消融实验部分详细比较 T-stream 子网络在使用与不使用预训练模型两种情况下的表现。

6.3.2　消融实验

1. T-stream 自监督学习损失的有效性

在整体模型中，T-stream 的主要作用是为 S-stream 子网络提供特征分布监督学习中的模板，这种类似教师-学生模式的双网络设置是对比学习模型中的常见模式。为验证 T-stream 自监督学习损失函数的有效性，本小节设计了一组消融实验来评估去除监督信息后模型的表现，表 6.1 直观展示了去除 T-stream 子网络后的消融实验结果。结果表明，在缺少自监督学习的情况下，模型仅依赖行人 ID 信息进行有监督学习所能达到的性能有所降低。由表 6.1 中的数据可知，对于去除 T-stream 子网络的模型，其识别精度低于原始的基线网络（AGW）的识别精度。原始的 AGW 模型除使用行人 ID 对模型进行训练之外，还使用了三元组损失，通过增大正、负样本间的距离来获得更为理想的特征空间分布。然而，去除 T-stream 子网络后，由于 S-stream 子网络中缺少了三元组损失函数的监督，导致模型在 Market-1501 数据集上的 Rank-1 准确率下降了 0.6％，未能达到原始 AGW 模型的精度。这一数据直观地证明了 T-stream 自监督学习损失的有效性。从特征空间分布的角度来看，使用三元组损失与使用 T-stream 子网络对 S-stream 子网络进行自监督学习的目的是相似的，都是期望目标模型能够学习到更为理想的特征分布。

表 6.1　去除 T-stream 子网络后的消融实验结果

方　法	Market-1501			CUHK03（Labeled）			CUHK03（Detected）		
	Rank=1 准确率 /（%）	Rank=5 准确率 /（%）	Rank=10 准确率 /（%）	Rank=1 准确率 /（%）	Rank=5 准确率 /（%）	Rank=10 准确率 /（%）	Rank=1 准确率 /（%）	Rank=5 准确率 /（%）	Rank=10 准确率 /（%）
基线网络（AGW）	94.8	98.2	98.8	72.9	82.7	87.6	63.6	74.6	79.0
不包含 T-stream 的模型	94.2	96.4	97.1	71.7	81.2	85.4	62.8	72.5	76.8
PARNet	**95.2**	**98.1**	**98.8**	**79.2**	**87.3**	**93.1**	**72.3**	**82.9**	**85.4**

三元组损失旨在通过同时利用标记的正样本和负样本来优化特征空间分布，即在训练过程中不断增大不同样本群之间的差异，从而提升模型的性能。而自监督学习在学习过程中仅使用正样本，它利用另一个预训练模型对被训练模型进行监督，最终使两者在训练过程中的特征空间分布趋向一致。在加入 T-stream 子网络后，模型在表 6.1 中所列的行人重识别数据集上的识别精度均有所提高。尤其是在 CUHK03（Detected）数据集上，模型的 Rank-1 准确率提高了 8.7％，这说明自监督学习损失能够显著提升模型的识别性能。消融实验结果也证明了本章所提出的 PARNet 方法的有效性。

2. 参数 λ 对模型识别精度的影响

图 6.5 展示了参数 λ 对模型的 Rank-1 准确率与 mAP 的影响。在 Market-1501 数据集上，我们调整参数 λ 以观察其如何影响模型的特征表达能力。当 λ 设置为 0 时，S-stream 子网络在没有自监督学习参与的情况下仅依赖行人 ID 信息进行特征学习。在这种情况下，模型无法有效地学习特征空间分布，因此其识别精度显著下降。当增加 λ 的数值时，自监督学习被加入 S-stream 子网络的训练中。此时，任意非零的 λ 值所取得的结果均优于 λ 为 0 时所取得的结果，这表明模型中的自监督学习损失函数对模型的特征学习起到了正向的作用。然而，当 λ 继续变大时，模型识别精度的提升变得不明显，这说明 λ 并非影响模型性能的关键参数。当 λ 设置为 100 时，我们观察到 PARNet 取得了较优的性能。这说明参数 λ 设置在 100 附近能够使整体模型在有监督与自监督学习损失函数之间达到较好的平衡。在

后续的实验中，我们采用了这一参数设置。

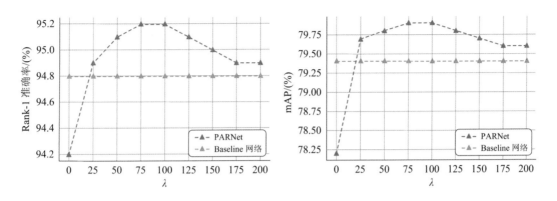

图 6.5　在 Market-1501 数据集上参数 λ 对模型识别精度的影响

3. 为 L_s 与 L_t 设置不同参数 λ 对模型识别精度的影响

图 6.6 展示了在 Market-1501 数据集上为 L_s 与 L_t 分别设置不同参数 λ 时对模型识别精度的影响。我们设计了两组实验。在第一组实验中，L_s 的 λ 被固定为 100，而 L_t 的 λ 则取不同的值。特别地，当 L_t 的 λ 为 0 时，表示 L_t 不参与梯度计算。在第二组实验中，设置进行了对调，即 L_t 的 λ 被固定为 100，而 L_s 的 λ 则取一组变化的值。从图 6.6 中可以看出，在一定的参数范围内，无论是 L_s 还是 L_t，选择不同的 λ 值，模型的识别精度虽然有所波动，但影响并不显著。因此，我们可以合理推断，L_s 与 L_t 在模型中的重要程度没有明显的差异，两者都对模型的特征学习起到了正向作用。

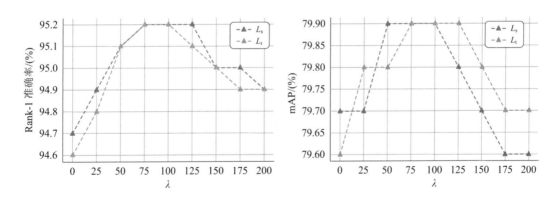

图 6.6　在 Market-1501 上数据集为 L_s 与 L_t 设置不同参数 λ 时对模型识别性能的影响

4. 特征空间分布可视化

图 6.7 展示了 PARNet 及其变种网络和基线网络在 Market-1501 数据集上对随机选取

的 240 个图像样本进行 t-SNE 可视化的结果。该图直观展示了不同方法在特征空间中的聚类效果。在特征空间中，聚类能力越强的方法，经过 t-SNE 算法可视化后，其点与点之间的距离越近，同一类别的颜色点会呈现汇聚状态，这意味着该算法所学习到的特征更合理。从图 6.7 中可直观地看出，本章提出的 PARNet 在特征空间中的聚类效果明显优于基线网络。

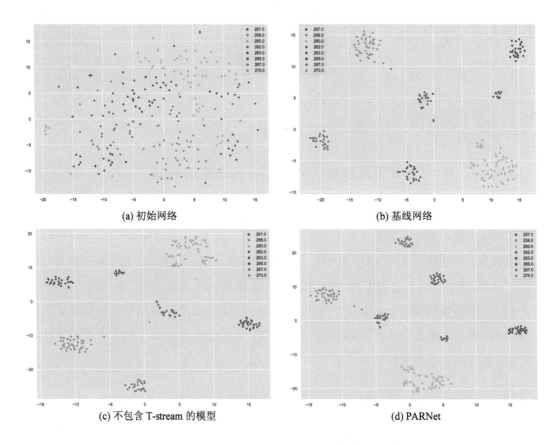

图 6.7　使用可视化算法 t-SNE 对随机选取的样本进行可视化的结果

图 6.8 展示了 PARNet 与基线网络在 CUHK03(Detected)数据集上排名前十的检索排序结果，这些结果从侧面反映了各算法的识别性能。在图中，蓝色边框标注的样本是检索样本，无边框的样本是检索正确的样本，红色边框标注的样本是检索错误的样本。检索正确的样本在查找序列中的位置越靠前，说明该行人重识别方法的鲁棒性越强。特别地，排名第一的样本的准确率即为 Rank-1 准确率，而正确样本在查找序列中的比例和位置也与行人重识别方法的另一个重要评价指标 mAP 密切相关。

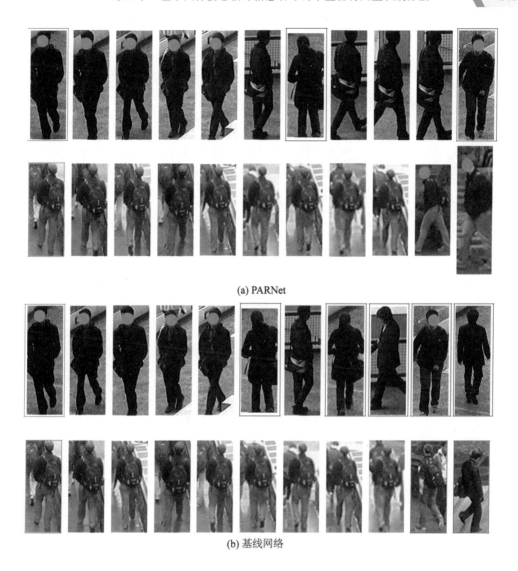

(a) PARNet

(b) 基线网络

图 6.8　PARNet 与基线网络在 CUHK03(Detected)数据集上排名前十的检索排序结果对比

6.3.3　PARNet 与其他先进方法的比较

在本小节中，我们将 PARNet 与先进的行人重识别方法在多个行人重识别数据集上进行比较。对于行人重识别任务而言，评估模式包括单一查询模式与重排序查询模式。一般而言，重排序查询算法能够进一步提高模型的性能。为公平起见，本节所有用于比较的实验结果均基于单一查询模式，即全部结果均未经过重排序查询处理。

表 6.2 展示了 PARNet 与部分行人重识别方法在 Market-1501 与 CUHK03(Labeled/Detected)行人重识别数据集上的性能比较。表 6.2 中粗体数字表示最优性能，下划线数字表示次优性能。表中所选取的对比方法均为基于深度学习的行人重识别方法，并

涵盖了特征学习、局部特征提取、对比学习等主要研究思路，其中部分方法还融入了注意力学习机制。PARNet 在 Market-1501 数据集上取得了 Rank-1 准确率为 95.2%、mAP 为 88.0% 的性能，超过了表中所列的大多数方法。相比于同样采用注意力学习机制的 HA-CNN[18] 与 Mancs[19]，PARNet 在 Market-1501 数据集的 Rank-1 准确率超出 HA-CNN 4.0%，超出 Mancs 2.1%；而在 mAP 指标上，PARNet 超过 HA-CNN 12.3%，超过 Mancs 5.7%。在 CUHK03(Labeled/Detected) 数据集上，PARNet 同样展现出优于大多数方法的性能。值得注意的是，mAP 能够更全面地反映模型的识别性能。虽然 PARNet 未使用更大的训练批次，但其在识别性能指标上仍展现出较强的竞争力。

表 6.2　**PARNet 与先进的行人重识别方法在 Market-1501 与 CUHK03(Labeled/Detected) 数据集上的性能比较**

| 方　法 | 公开来源 | Market-1501 | | CUHK03 | | | |
| | | | | Labeled | | Detected | |
		Rank-1 准确率 /(%)	mAP /(%)	Rank-1 准确率 /(%)	mAP /(%)	Rank-1 准确率 /(%)	mAP /(%)
MGCAM[26]	CVPR2018	83.8	74.3	50.1	50.2	46.7	46.9
HA-CNN[18]	CVPR2018	91.2	75.7	44.4	41.0	41.7	38.6
DaRe[27]	CVPR2018	89.0	76.0	66.1	61.6	63.3	59.0
MHN(PCB)[25]	ICCV2018	95.1	85.0	77.2	72.4	71.7	65.4
Mancs[19]	ECCV2018	93.1	82.3	69.0	63.9	65.5	60.5
HAP2S[28]	ECCV2018	84.6	69.4	—	—	—	—
SGGNN[29]	ECCV2018	92.3	82.8				
PCB+RPP[24]	ECCV2018	93.8	81.6	63.7	57.5		
FDGAN[30]	NeurIPS2018	90.5	77.7	—	—	—	—
AANet[31]	CVPR2019	93.9	83.4	—	—	—	—
CAMA[32]	CVPR2019	94.7	84.5	70.1	66.5	66.6	64.2
IANet[33]	CVPR2019	94.4	83.1	—	—	—	—
PatchNet[34]	CVPR2019	68.5	40.1				
HPM[35]	AAAI2019	94.2	82.7	63.9	57.5		

续表

方　法	公开来源	Market-1501		CUHK03			
				Labeled		Detected	
		Rank-1 准确率 /(%)	mAP /(%)	Rank-1 准确率 /(%)	mAP /(%)	Rank-1 准确率 /(%)	mAP /(%)
Auto-ReID[36]	ICCV2019	94.5	85.1	77.9	73.0	73.3	69.3
BAT-net[37]	ICCV2019	95.1	84.7	78.6	76.1	76.2	73.2
BFE[38]	ICCV2019	95.3	86.7	—	—	76.4	73.5
OSNet[39]	CVPR2019	94.8	84.9	—	—	72.3	67.8
RGA-SC[40]	CVPR2020	**96.1**	88.4	**81.1**	<u>77.4</u>	<u>79.6</u>	<u>74.5</u>
MMCL[41]	CVPR2020	80.3	45.5	—	—	—	—
RelationNet[42]	AAAI2020	95.2	**88.9**	77.9	75.6	74.4	69.6
CtF[43]	ECCV2020	93.7	84.9	—	—	—	—
ISP[44]	ECCV2020	<u>95.3</u>	<u>88.6</u>	75.2	71.4	76.5	74.1
ADC(2O-IB)[21]	CVPR2021	94.8	87.7	<u>80.6</u>	**79.3**	**81.3**	**84.1**
IAUnet[22]	TNLSS2021	95.0	88.2	—	—	—	—
GSRW[23]	TPAMI2021	91.8	82.0	—	—	—	—
Baseline(AGW)	—	94.8	87.5	72.9	70.6	63.6	62.0
PARNet		95.2	88.0	79.2	75.5	72.3	66.4

表 6.3 展示了 PARNet 与其他先进的行人重识别方法在 DukeMTMC-reID 与 MSMT17 数据集上的性能比较。表 6.3 中所列举的数据集在复杂度和数据库规模上均超过表 6.2 中所列的数据集，因此更具代表性。表 6.3 中粗体数字表示最优性能，下划线数字表示次优性能。在 DukeMTMC-reID 数据集上，PARNet 的 Rank-1 准确率和 mAP 分别为 89.8% 和 79.9%。在 Rank-1 准确率上，PARNet 超过同样使用人体姿态估计信息的 PN-GAN[20] 16.2%；在 mAP 指标上，超过 PN-GAN 26.7%。此外，在 Rank-1 准确率这一关键指标上，PARNet 超过 ADC(2O-IB)[21]、IAUnet[22] 和 GSRW[23] 等近年来较为先进的方法，并大幅超过了著名的 PCB[24]，展现出了具有竞争力的性能。而在 MSMT17 数据集上，尽管 PARNet 的 Rank-1 准确率为 70.7%、mAP 为 50.1%，并不具备显著优势，但它的这两项主要性能指标仍然分别超出 PCB+RPP[24] 2.5% 和 9.7%。

表 6.3　PARNet 与先进的行人重识别方法在 DukeMTMC-reID 与 MSMT17 数据集上的性能比较

方　法	公开来源	DukeMTMC-reID		MSMT17	
		Rank-1 准确率/(%)	mAP/(%)	Rank-1 准确率/(%)	mAP/(%)
HA-CNN[18]	CVPR2018	80.5	63.8	—	—
DaRe[27]	CVPR2018	80.2	64.5	—	—
DuATM[45]	CVPR2018	81.8	64.6	—	—
MHN(PCB)[25]	ICCV2018	89.1	77.2	—	—
Mancs[19]	ECCV2018	84.9	71.8	—	—
HAP2S[28]	ECCV2018	75.9	60.6	—	—
PN-GAN[20]	ECCV2018	73.6	53.2	—	—
SGGNN[29]	ECCV2018	81.1	68.2	—	—
PCB+RPP[24]	ECCV2018	83.3	69.2	68.2	40.4
AANet[31]	CVPR2019	87.7	74.3	—	—
CAMA[32]	CVPR2019	85.8	72.9	—	—
IANet[33]	CVPR2019	87.1	73.4	—	—
DGNet[46]	CVPR2019	86.6	74.8	77.2	52.3
PatchNet[34]	CVPR2019	72.0	53.2	—	—
OSNet[39]	CVPR2019	88.6	73.5	78.7	52.9
HPM[35]	AAAI2019	86.6	74.3		
Auto-ReID[36]	ICCV2019	—	—	78.2	52.5
ABD-Net[47]	ICCV2019	89.0	78.6	**82.3**	**60.8**
BAT-net[37]	ICCV2019	87.7	77.3	79.5	56.8
BFE[38]	ICCV2019	88.9	75.9	78.8	51.5
RGA-SC[40]	CVPR2020	—	—	80.3	<u>57.5</u>
MMCL[41]	CVPR2020	72.4	51.4	43.6	16.2

方　法	公开来源	DukeMTMC-reID		MSMT17	
		Rank-1 准确率/(%)	mAP/(%)	Rank-1 准确率/(%)	mAP/(%)
RelationNet[42]	AAAI2020	<u>89.7</u>	78.6	—	—
CtF[43]	ECCV2020	87.6	74.8	—	—
ADC(2O-IB)[21]	CVPR2021	87.4	74.9	—	—
IAUnet[22]	TNLSS2021	89.6	79.5	<u>82.0</u>	59.9
GSRW[23]	TPAMI2021	66.4	**80.7**	71.8	47.8
Baseline(AGW)	—	88.7	79.4	69.1	48.9
PARNet	—	**89.8**	<u>79.9</u>	70.7	50.1

本章所使用的基线网络(AGW)在实验环境下未能完全重现文献[6]中的性能。由于 GPU 性能的限制,我们未能继续增加模型的训练批次。然而,在相同的训练技巧和训练批次条件下,PARNet 在所测试的数据集上均超越了 AGW,这验证了 PARNet 的有效性。

6.4　本章小结

本章在第 5 章提出的基于人体姿态估计信息引导与区域特征融合的遮挡行人重识别方法基础上,进一步挖掘了人体姿态估计信息的潜力。针对现有基于注意力学习的模型难以学习到正确的高响应图像局部区域的问题,本章提出了 PARNet。PARNet 采用了教师-学生双分支网络结构,其中,T-stream 子网络负责利用人体姿态估计信息进行引导,S-stream 子网络则基于注意力学习进行深度特征提取。本章从理论与实验两方面阐述了利用人体姿态估计信息对基于注意力学习的网络分支进行半监督学习的思路。针对基于注意力学习的行人重识别模型存在缺乏结构化约束和训练困难等问题,PARNet 利用人体姿态估计信息对输入样本中的高响应区域进行标注。通过教师-学生双分支网络的监督,PARNet 在统一的深度学习框架下实现了深层语义信息与注意力特征的协同学习与表达。此外,通过外部监督信息驱动注意力聚类,PARNet 能够根据已有的语义特征区域推理出显著的图像特征规律,从而有效提升了基于注意力学习的模型获得高判别性图像特征的能力。实验结果表明,PARNet 在多个行人重识别数据集上均展现出了具有竞争力的性能。

消融实验进一步验证了 PARNet 在提升 S-stream 子网络特征学习质量及增强基于注意力学习模型训练过程稳定性方面的有效性。

参 考 文 献

［1］　GRILL J B, STRUB F, ALTCHÉ F, et al. Bootstrap your own latent – a new approach to self-supervised learning［C］. Advances in Neural Information Processing Systems, 2020, 33: 21271 – 21284.

［2］　CHEN G Y, LU Y H, LU J W, et al. Deep credible metric learning for unsupervised domain adaptation person re-identification［C］. Proceedings of the European Conference on Computer Vision, Springer, 2020: 643 – 659.

［3］　HE K M, FAN H Q, WU Y X, et al. Momentum contrast for unsupervised visual representation Learning［C］. Proceedings of the IEEE/CVF International Conference on Computer Vision and Pattern Recognition, IEEE Computer Society, 2020: 9729 – 9738.

［4］　TING C, SIMON K, MOHAMMAD N, et al. A simple framework for contrastive learning of visual representations［C］. Proceedings of the International Conference on Machine Learning, 2020: 1597 – 1607.

［5］　CHEN X L, HE K M. Exploring simple siamese representation learning［C］. Proceedings of the IEEE/CVF International Conference on Computer Vision and Pattern Recognition, IEEE Computer Society, 2021: 15750 – 15758.

［6］　YE M, SHEN J B, LIN G J, et al. Deep learning for person re-identification: a survey and outlook［J］. IEEE Transactions on Pattern Analysis and Machine Intelligence, 2021, 44(6): 2872 – 2893.

［7］　SRINIVAS A, LIN T Y, PARMAR N, et al. Bottleneck transformers for visual recognition［C］. Proceedings of the IEEE/CVF International Conference on Computer Vision and Pattern Recognition, IEEE Computer Society, 2021: 16519 – 16529.

［8］　PARMAR N, VASWANI A, USZKOREIT J, et al. Image transformer［C］. Proceedings of the International Conference on Machine Learning, 2018: 4055 – 4064.

［9］　HE K, ZHANG G X, REN S, et al. Deep residual learning for image recognition ［C］. Proceedings of the IEEE/CVF Conference on Computer Vision and Pattern

Recognition，IEEE Computer Society，2016：770 - 778.

[10]　CAO Z，SIMON T，WEI S E，et al. Openpose：realtime multi-person 2D pose estimation using part affinity fields[J]. IEEE Transactions on Pattern Analysis and Machine Intelligence，2021，43(1)：172 - 186.

[11]　NEWELL A，YANG K，DENG J. Stacked hourglass networks for human pose estimation[C]. Proceedings of the European Conference on Computer Vision，Springer，2016：483 - 499.

[12]　HE K，FAN H，WU Y，et al. Momentum contrast for unsupervised visual representation learning[C]. Proceedings of the IEEE/CVF Conference on Computer Vision and Pattern Recogntion. IEEE Computer Society，2020：9729 - 9738.

[13]　DENG J，DONG W，SOCHER R，et al. Imagenet：a large-scale hierarchical image database[C]. Proceedings of the IEEE/CVF Conference on Computer Vision and Pattern Recognition，IEEE Computer Society，2009：248 - 255.

[14]　ZHENG L，SHEN L Y，TIAN L，et al. Scalable person re-identification：a benchmark[C]. Proceedings of the IEEE/CVF International Conference on Computer Vision，IEEE Computer Society. 2015：1116 - 1124.

[15]　RISTANI E，SOLERA F，ZOU R，et al. Performance measures and a data set for multi-target，multi-camera tracking[C]. Proceedings of the European Conference on Computer Vision，Springer，2016：17 - 35.

[16]　LI W，ZHAO R，XIAO T，et al. Deepreid：Deep filter pairing neural network for person re-identification[C]. Proceedings of the IEEE/CVF International Conference on Computer Vision and Pattern Recognition，IEEE Computer Society，2014：152 - 159.

[17]　WEI L H，ZHANG S L，GAO W，et al. Person transfer gan to bridge domain gap for person re-identification[C]. Proceedings of the IEEE/CVF International Conference on Computer Vision and Pattern Recognition，IEEE Computer Society，2018：79 - 88.

[18]　LI W，ZHU X T，GONG S G. Harmonious attention network for person re-identification[C]. Proceedings of the IEEE Conference on Computer Vision and Pattern Recognition，IEEE Computer Society，2018：2285 - 2294.

[19]　WANG C，ZHANG Q，HUANG C，et al. Mancs：a multi-task attentional network with curriculum sampling for person re-identification[C]. Proceedings of the European Conference on Computer Vision，Springer，2018：365 - 381.

[20] QIAN X L, FU Y W, XIANG T, et al. Pose-normalized image generation for person re-identification[C]. Proceedings of the European Conference on Computer Vision, Springer, 2018: 650 – 667.

[21] ZHANG A G, GAO Y M, NIU Y Z, et al. Coarse-to-fine person re-identification with auxiliary – domain classification and second-order information bottleneck[C]. Proceedings of the IEEE/CVF Conference on Computer Vision and Pattern Recognition, IEEE Computer Society, 2021: 598 – 607.

[22] HOU R B, MA B P, CHANG H, et al. Iaunet: global context-aware feature learning for person re-identification[J]. IEEE Transactions on Neural Networks and Learning Systems, 2021, 32(10): 4460 – 4474.

[23] SHEN Y T, XIAO T, YI S, et al. Person re-identification with deep kronecker-product matching and group-shuffling random walk[J]. IEEE Transactions on Pattern Analysis and Machine Intelligence, 2021, 43(5): 1649 – 1665.

[24] SUN Y F, ZHENG L, YANG Y, et al. Beyond part models: person retrieval with refined part pooling (and a strong convolutional baseline)[C]. Proceedings of the European Conference on Computer Vision, Springer, 2018: 480 – 496.

[25] CHEN B H, DENG W H, HU J N. Mixed high-order attention network for person re-identification[C]. Proceedings of the IEEE/CVF International Conference on Computer Vision, IEEE Computer Society, 2019: 371 – 381.

[26] SONG C F, HUANG Y, OUYANG W L, et al. Mask-guided contrastive attention model for person re-identification[C]. Proceedings of the IEEE/CVF International Conference on Computer Vision and Pattern Recognition, IEEE Computer Society, 2018: 1179 – 1188.

[27] WANG Y, WANG L Q, YOU Y R, et al. Resource aware person re-identification across multiple resolutions[C]. Proceedings of the IEEE/CVF International Conference on Computer Vision and Pattern Recognition, IEEE Computer Society, 2018: 8042 – 8051.

[28] YU R, DOU Z Y, BAI S, et al. Hard-aware point-to-set deep metric for person Re-Identification[C]. Proceedings of the European Conference on Computer Vision, Springer, 2018: 188 – 204.

[29] SHEN Y T, LI H S, YI S, et al. Person re-identification with deep similarity – guided graph neural network[C]. Proceedings of the European Conference on Computer Vision, Springer, 2018: 486 – 504.

［30］ GE Y X，LI Z W，ZHAO H Y，et al. Fd-gan：pose-guided feature distilling gan for robust person re-identification［C］. Proceedings of the International Conference on Neural Information Processing Systems，2018：1 - 12.

［31］ TAY C P，ROY S，YAP K H. Aanet：attribute attention network for person re-identifications［C］. Proceedings of the IEEE/CVF Conference on Computer Vision and Pattern Recognition，IEEE Computer Society，2019：7134 - 7143.

［32］ YANG W J，HUANG H J，ZHANG Z，et al. Towards rich feature discovery with class activation maps augmentation for person re-identification［C］. Proceedings of the IEEE/CVF Conference on Computer Vision and Pattern Recognition，IEEE Computer Society，2019：1389 - 1398.

［33］ HOU R B，MA B P，CHANG H，et al. Interaction-and-aggregation network for person re-identification［C］. Proceedings of the IEEE/CVF Conference on Computer Vision and Pattern Recognition，IEEE Computer Society，2019：9317 - 9326.

［34］ YANG Q Z，YU H X，WU A C，et al. Patch-based discriminative feature learning for unsupervised person re-identification［C］. Proceedings of the IEEE/CVF Conference on Computer Vision and Pattern Recognition，IEEE Computer Society，2019：3633 - 3642.

［35］ FU Y，WEI Y C，ZHOU Y Q，et al. Horizontal pyramid matching for person re-identification［C］. Proceedings of the AAAI Conference on Artificial Intelligence，AAAI Press，2019，33(01)：8295 - 8302.

［36］ QUAN R J，DONG X Y，WU Y，et al. Auto-reid：searching for a part-aware convnet for person re-identification［C］. Proceedings of the IEEE/CVF International Conference on Computer Vision，IEEE Computer Society，2019：3750 - 3759.

［37］ FANG P F，ZHOU J M，ROY S，et al. Bilinear attention networks for person retrieval［C］. Proceedings of the IEEE/CVF International Conference on Computer Vision，IEEE Computer Society，2019：8030 - 8039.

［38］ DAI Z Z，CHEN M Q，GU X D，et al. Batch dropblock network for person re-identification and beyond［C］. Proceedings of the IEEE/CVF International Conference on Computer Vision，IEEE Computer Society，2019：3691 - 3701.

［39］ ZHOU K Y，YANG Y X，CAVALLARO A，et al. Omni-scale feature learning for person re-identification［C］. Proceedings of the IEEE/CVF International Conference on Computer Vision，IEEE Computer Society，2019：3702 - 3712.

［40］ ZHANG Z Z，LAN C L，ZENG W J，et al. Relation-aware global attention for person re-identification[C]. Proceedings of the IEEE/CVF Conference on Computer Vision and Pattern Recognition, IEEE Computer Society, 2020: 3186 – 3195.

[41] WANG D K, ZHANG S. Unsupervised person re-identification via multi-label classification[C]. Proceedings of the IEEE/CVF International Conference on Computer Vision and Pattern Recognition, IEEE Computer Society, 2020: 10981 – 10990.

[42] PARK H, HAM B. Relation network for person re-identification[C]. Proceedings of the Association for the Advance of Artificial Intelligence, AAAI Press, 2020, 34 (07): 11839 – 11847.

[43] WANG G A, GONG S G, CHENG J, et al. Faster person re-identification[C]. Proceedings of the European Conference on Computer Vision, Springer, 2020: 275 – 292.

[44] ZHU K, GUO H Y, LIU Z W, et al. Identity-guided human semantic parsing for person re-identification[C]. Proceedings of the European Conference on Computer Vision, Springer, 2020: 346 – 363.

[45] SI J L, ZHUANG H G, LI C G, et al. Dual attention matching network for context-aware feature sequence based person re-identification[C]. Proceedings of the IEEE/CVF Conference on Computer Vision and Pattern Recognition, IEEE Computer Society, 2018: 5363 – 5372.

[46] ZHENG Z D, YANG X D, YU Z D, et al. Joint discriminative and generative learning for person re-identification[C]. Proceedings of the IEEE/CVF conference on computer vision and pattern recognition, IEEE Computer Society, 2019: 2138 – 2147. 2019: 2138 – 2147.

[47] CHEN T L, DING S J, XIE J Y, et al. Abd-net: attentive but diverse person re-identification[C]. Proceedings of the IEEE/CVF International Conference on Computer Vision, IEEE Computer Society, 2019: 8351 – 8361.